摄影曝光与用光超易上手

拍出美照的180个实用技巧

雷波◎著

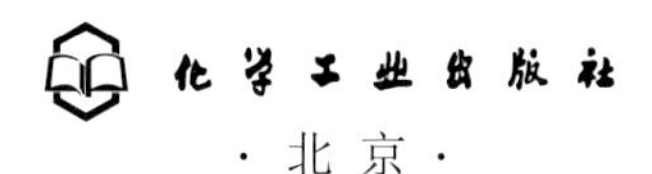

·北京·

在学习用光之前，曝光是必修的功课。因为无论光影细节多么唯美的场景，曝光不正确，依然拍不出一张好照片。

因此，在书中的基础部分内容和实战技法内容中，均同时包含曝光与用光的相关内容。曝光控制画面亮度，用光则是为了控制画面的明暗分布。

而本书最大的亮点，则在于实战技法部分中，从人像、风光、建筑等 6 大题材中总结出了 180 个曝光与用光技巧。通过大量的实例，培养读者对于不同方向、不同时间、不同性质光线的感觉，从而在实际拍摄中，能够通过预期效果，确定合理的曝光以及用光方法。

此外，为了拓展图书内容，本书添加了 35 个视频二维码，总时长达 300 分钟，这些视频补充讲解了摄影用光理论、实战等方面知识，提高了学习效率。

图书在版编目(CIP)数据

摄影曝光与用光超易上手：拍出美照的 180 个实用技巧/雷波著. —北京：化学工业出版社，2020.6
ISBN 978-7-122-36344-2

Ⅰ.①摄… Ⅱ.①雷… Ⅲ. ①摄影光学 Ⅳ.①TB811

中国版本图书馆 CIP 数据核字（2020）第 034376 号

责任编辑：孙　炜　李　辰　　装帧设计：王晓宇
责任校对：宋　玮

出版发行：化学工业出版社（北京市东城区青年湖南街 13 号 邮政编码 100011）
印　　装：北京华联印刷有限公司
710mm×1000mm　1/16　印张 12　字数 160 千字
2020 年 6 月北京第 1 版第 1 次印刷

购书咨询：010-64518888　　售后服务：010-64518899
网　　址：http://www.cip.com.cn
凡购买本书，如有缺损质量问题，本社销售中心负责调换。

定　　价：69.00 元

前言

一提到“摄影用光”，很多摄影爱好者都会眉头一皱，觉得“光线”既看不到，又摸不着，想学会利用它一定很难。其实，光线只决定两件事。第一，我们看到的景物有多亮；第二，我们所看到景物的明暗分布。因此在学习用光时，只要掌握了控制画面亮度和明暗的方法，就学会了用光。

所以在本书中，无论是第1章至第4章的基础内容，还是第5章至第10章的用光实战技法部分，均包含曝光与用光这两方面内容。

在相关介绍用光的摄影类书籍中，很少讲解到有关曝光的内容，原因在于“曝光”属于非常基础的内容，而“用光”则属于摄影进阶内容。

本书的目的则是让所有零基础的摄影爱好者也能够掌握摄影用光，所以包含了基础的摄影曝光内容。更何况，即便利用光线呈现出合适的明暗过渡与对比，如果曝光不正确，那么依然无法拍出预期的画面。因此，曝光与用光是相辅相成、紧密相连的。

为了让各位读者更容易掌握曝光与用光的技巧，全书除了基础内容的讲解之外，还从人像、风光、建筑、植物、动物、静物共6大题材中总结出180个曝光与用光技巧，通过大量实例，让大家找到不同方向、不同时间、不同性质光线所拍摄画面的感觉。当这种感觉养成后，再需要拍摄某种效果的照片时，自然就知道该如何曝光、如何控制光线了。

当然，这180个技巧也可以直接拿来用，按照书上讲解的内容进行拍摄，可以快速增强所拍照片的美感，从而拍出更多的精彩画面！

为了方便及时与笔者交流与沟通，欢迎读者朋友加入光线摄影交流QQ群（群12：327220740）。关注我们的微信公众号“好机友摄影”，或者在“今日头条”APP中搜索并关注“好机友摄影学院”，收取我们每天推送的摄影技巧。此外，还可以通过服务微信号13011886577与我们沟通交流摄影方面的问题。

编 者

2020年2月

目录

第 1 章 曝光对画面的影响

第 2 章 掌握控制曝光的方法

第 3 章
认识光线

第 4 章
光线的基本应用方法

第5章 人像曝光与用光实战技巧47招

第6章 风光曝光与用光实战技巧56招

第 7 章 建筑曝光与用光实战技巧14招

第 8 章 植物曝光与用光实战技巧26招

第 9 章 动物曝光与用光实战技巧26招

第 10 章 静物曝光与用光实战技巧11招

第 1 章
曝光对画面的影响

章扩展学习视频

高手常提及的曝光三要素就是这的

光圈是什么？如何表示？如何在实战中运用？

快门是怎样运作的？对照片有什么影响？如何运用？

感光度是什么？与画质有何关系？实战中如何运用？

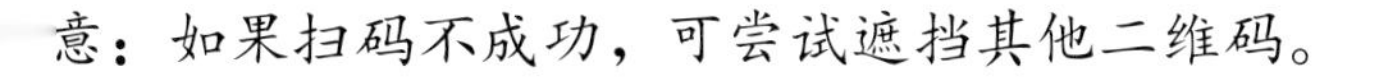

意：如果扫码不成功，可尝试遮挡其他二维码。

什么是曝光

光影是摄影的灵魂，作用重大，可以通过控制曝光来获得不同的光影效果。在胶片时代，曝光就是指使相机胶片或感光纸在一定条件下感光，通过光线与感光材料产生一定的化学反应，经过冲洗、处理后即可呈现影像；在数码时代，通过让数码相机的传感器感光，并经过图片信号转存至存储卡，从而形成影像。

因此，无论是胶片时代还是数码时代，曝光就是让相机记录影像的过程。

什么是曝光三要素

曝光三要素其实就是指控制曝光所需的3个参数，分别为：快门速度、光圈和感光度。

快门速度可以控制光线进入相机的时间，光圈控制镜头单位时间的进光量，感光度控制感光元件对光线的敏感程度，三者相互结合才能获得合适的画面亮度。

但画面亮度只是控制曝光的目的之一。曝光三要素除了可以影响画面亮度，还可以影响画面效果。因此在下文详细介绍曝光三要素的应用方法时，将分为“控制亮度”“控制效果”两方面进行讲解。

曝光三要素之光圈

认识光圈

光圈是指镜头内由多片薄金属叶片组成、用于控制相机进量的装置，理解光圈与相机进光量的控制原理，对于拍摄出光准确的照片具有重要的意义。

通过改变镜头内光圈金属叶片的开启程度（叶片圆圈的直）可以控制进入镜头光线的多少，光圈开启程度越大，通光越多；光圈开启程度越小，通光量越少。因此，当其他曝光数不变的情况下，光圈越大，同一时间进入相机的光线量越大，面就会由于曝光越充分而显得越亮。

为了便于理解，我们可以将光线类比为水流，将光圈类比水龙头。在同一时间段内，如果希望水流更大，水龙头就要得更大，与之类似，如果希望更多光线通过镜头，就需要使较大的光圈；如果不希望更多光线通过镜头，就需要使用较的光圈。

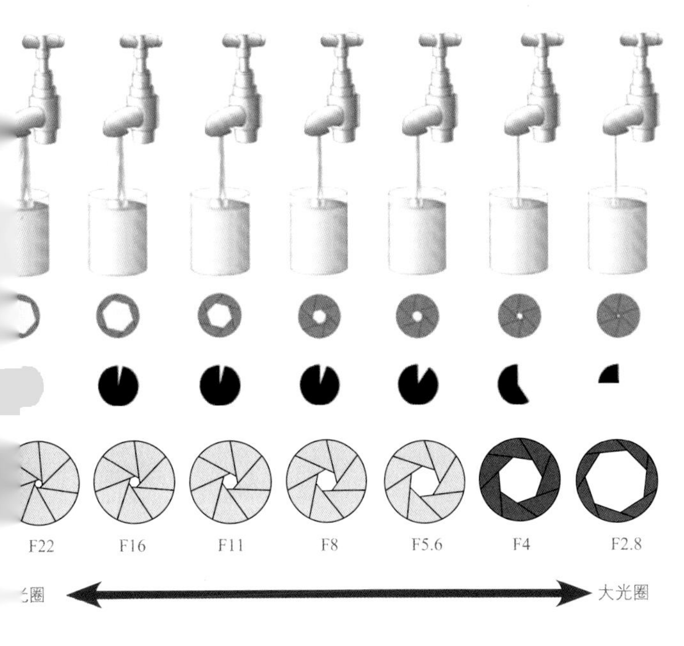

操作方法 Nikon D7500 相机设置光圈值的方法

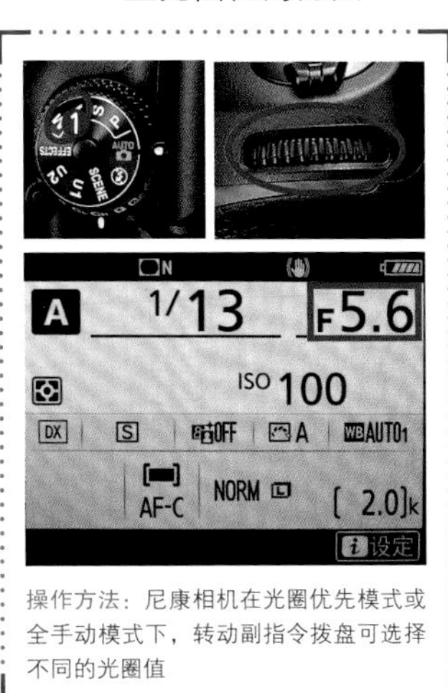

操作方法：尼康相机在光圈优先模式或全手动模式下，转动副指令拨盘可选择不同的光圈值

操作方法 Canon EOS 80D 相机设置光圈值的方法

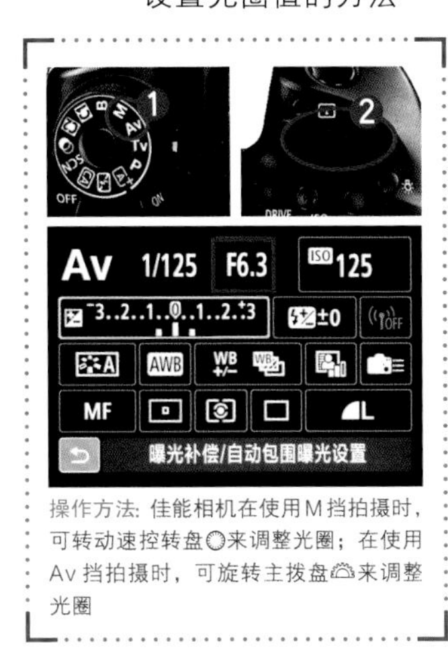

操作方法：佳能相机在使用M挡拍摄时，可转动速控转盘◎来调整光圈；在使用Av挡拍摄时，可旋转主拨盘来调整光圈

理解光圈值及表示方法

光圈系数用字母 F（或小写字母 f）表示，如 F2（或者表示为 f/2）。表示光圈大小的数值 F1、F1.4、F2、F2.8、F4、F5.6、F8、F11、F16、F22、F32 等，相邻各级光圈间的通光量相差一倍 每递进一挡光圈，光圈口径就缩小一些，通光量也逐挡减半。相邻两挡光圈之间，还可以设定 1/2 或 1/3 挡递进的方式，如在 F2 和 F2.8 之间，还可以设定为 F2.5 这种半挡光圈。

光圈的大小对画面明暗的影响

光圈 F 值越小（进光孔越大，例如 F5.6 比 F8 的进光孔要大），在单位时间内的进光量便越多 而且上一挡光圈的进光量是下一挡光圈进光量的一倍（因为两挡光圈的进光孔实际开启面积刚 相差一倍）。

例如，将光圈从 F8 调整到 F5.6，进光量便多一倍，即光圈开大了一挡。在其他拍摄参数 同的情况下，光圈越大，画面越亮；反之，画面则越暗。

↑（焦距：30mm ┆ 光圈：F2.8 ┆ 快门速度：1/20s ┆ 感光度：ISO1600 ）

↑（焦距：30mm ┆ 光圈：F3.5 ┆ 快门速度：1/20s ┆ 感光度：ISO1600 ）

↑（焦距：30mm ┆ 光圈：F4.5 ┆ 快门速度：1/20s ┆ 感光度：ISO1600 ）

↑（焦距：30mm ┆ 光圈：F5.6 ┆ 快门速度：1/20s ┆ 感光度：ISO1600 ）

光圈与景深

简单来说，景深即指对焦位置前后的清晰范围。清晰范围越大，表示景深越大；清晰范围越
，表示景深越小，此时画面的虚化效果就越好。

光圈是控制景深（背景虚化程度）的重要因素。在相机焦距不变的情况下，光圈越大，景深
小；光圈越小，景深越大。

（焦距：100mm ¦ 光圈：F3.2 ¦ 快门速度：1/80s ¦ 感光度：
800）

（焦距：100mm ¦ 光圈：F4 ¦ 快门速度：1/50s ¦ 感光度：ISO800）

（焦距：100mm ¦ 光圈：F5 ¦ 快门速度：1/30s ¦ 感光度：
800）

（焦距：100mm ¦ 光圈：F6.3 ¦ 快门速度：1/20s ¦ 感光度：ISO800）

焦距：100mm ¦ 光圈：F8 ¦ 快门速度：1/13s ¦ 感光度：
00）

（焦距：100mm ¦ 光圈：F10 ¦ 快门速度：1/8s ¦ 感光度：ISO800）

用小光圈拍摄全局高清晰风景

利用光圈可以控制景深的特点，当拍摄山景、水景、草原等风景照时，为了表现大场面的景，通常使用小光圈（但不能过小），这样画面看起来前后景都会很清晰。利用小光圈拍摄的面清晰范围大，连远处的细节都可以表现得非常细腻、清晰。

↑ 使用小光圈摄，可以降低快速度，达到水面化的效果（焦距 35mm ┆ 光圈 F20 ┆ 快门速度 32s ┆ 感光度 ISO100）

← 采用较小光的相机进行拍使得远景中郁葱的树丛及近面的荷叶都获清晰的呈现距：50mm ┆ 光 F32 ┆ 快门速 1/400s ┆ 感光 ISO100）

使用大光圈得到小景深画面

在实际拍摄时，突出画面的主体，常使用小景深的面。获得小景深面最常用的方法是使用大光圈拍，这样可以充分表现被摄主体的部特征，虚化周环境中的不利因，从而有效突出摄主体。大光圈用来拍摄树叶、珠、小植物等体较小的物品。

使用大光圈拍摄时，可以使人物从杂乱的环境中脱颖而出，得到简洁的画面效果（焦距：100mm ┆ 光圈：F2.8 ┆ 快门速度：1/100s ┆ 感光度：ISO200）

蜘蛛网上的水珠仿佛一件水晶衣，在大光圈虚化背景的衬托下，显得格外突出，拍摄这样面积较大的蜘蛛网时，注意尽量使蜘网最大的面积与相机的焦平面平行，以避免蜘蛛网出现部分清晰、部分模糊的情况（焦距：180mm ┆ 光圈：F3.5 ┆ 快门速度：50s ┆ 感光度：ISO400）

曝光三要素之快门

快门的定义

快门的主要作用是从时间上控制相机的曝光量。快门开启的时间称为曝光时间或快门速度。

在其他因素不变的情况下，快门速度越低，感光元件接受光线照射的时间越长，快门开启的时间越长，进入相机的光量越多，曝光量也越多；快门速度越高，感光元件接受光线照射的时间越短，快门开启的时间越短，进入相机的光量越少，曝光量也越少。

在其他因素不变的情况下，提高或降低一挡快门速度，相机的曝光量会减少或增加一倍，例如，1/125s 比 1/250s 低一挡，因此前者的曝光量比后者多一倍。

快门速度的表示方法

快门速度以秒为单位，入门级及中端数码单反相机的快门速度通常为1/4000~30s，而中高端相机的最高快门速度则达到了1/8000s，可以满足几乎所有题材的拍摄要求。

常见的快门速度有 30s、15s、8s、4s、2s、1s、1/2s、1/4s、1/8s、1/15s、1/30s、1/60s、1/125s、1/250s、1/500s、1/1000s、1/2000s、1/4000s、1/8000s 等。

利用长时间曝光记录下了夜间摩天轮上灯光的轨迹，在深蓝色夜空的衬托下看起来非常绚丽（焦距：23mm ┊ 光圈：F5.6 ┊ 快门速度：10s ┊ 感光度：ISO100）

操作方法 尼康 D7500 相机设置快门速度值的方法

操作方法：在使用 M 挡或 Tv 挡拍摄时，直接向左或向右转动主拨盘，即可调整快门速度数值

操作方法 尼康 D7500 相机设置快门速度值的方法

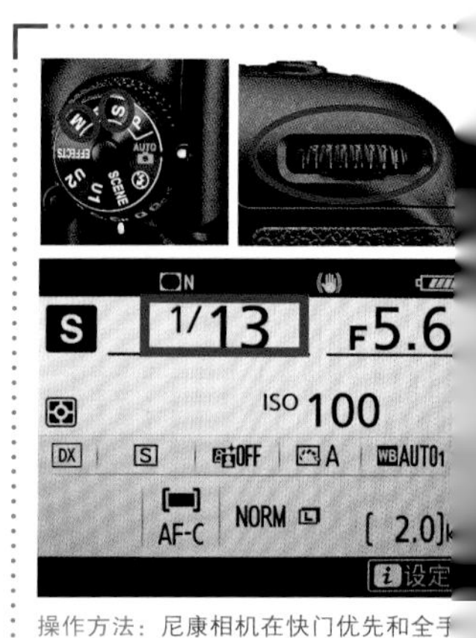

操作方法：尼康相机在快门优先和全手动模式下，转动主指令拨盘即可选择不同的快门速度值

快门速度对曝光的影响

如前面所述，快门速度的快慢决定了曝光量的多少。具体而言，在其他条件不变的情况下，每一挡快门速度的变化，会引起一倍曝光量的变化。例如，当快门速度由 1/125s 变为 1/60s 时，由于快门速度慢了一挡，曝光时间延长了，因此，总的曝光量也增加了一倍。

←（焦距：100mm ┆ 光圈：F5.6 ┆ 快门速度：1/3s ┆ 感光度：ISO200）

↓（焦距：100mm ┆ 光圈：F5.6 ┆ 快门速度：1/4s ┆ 感光度：ISO200）

（焦距：100mm ┆ 光圈：F5.6 ┆ 快门速度：1/5s ┆ 感光度：)200）

（焦距：100mm ┆ 光圈：F5.6 ┆ 快门速度：1/6s ┆ 感光度：)200）

影响快门速度的3大因素

感光度：感光度每增加一挡（如从ISO100增加到ISO200）时，感光元件对光线的敏锐度会增加一倍，同时，快门速度会提高一挡。

光圈：光圈每提高一挡（如从F4到F2.8），快门速度可以提高一挡。

曝光补偿：曝光补偿数值每提高一挡，就需要更长的曝光时间来提亮照片，因此，快门速度将降低一挡；曝光补偿数值每降低一挡，就不需要更多的曝光量，因此，快门速度可以提高一挡。

↑夜间需要长时间曝光拍摄时，为了避免长时间曝光使画面曝光过度，可设置较低的感光度和较小光圈（焦距：17mm ┆ 光圈：F16 ┆ 快门速度：1/100s ┆ 感光度：ISO100）

安全快门确保画面清晰

手持相机拍摄时，会出现由于手的抖动而导致照片画面不实的现象。为了获得清晰的画面，需要使用安全快门进行拍摄。安全快门速度是指在手持拍摄时能保证画面清晰的最低快门速度。通常快门速度不应低于拍摄时所用焦距的倒数，比如当前焦距为 200mm，拍摄时的快门速度应不低于 1/200s。

需要注意的是，如果使用的是Canon EOS 80D或Nikon D7500这种APS-C画幅的相机，焦距数值需要乘以换算系数，佳能相机的系数为1.6，尼康相机的系数为1.5。因此对于50mm 标准镜头而言，如果用在Canon EOS 80D上换算后的焦距为80mm，其安全快门速度应为1/80s，而不是1/50s。安全快门只是一个参考数字，在保证照片画质方面三脚架是必需的。

使用长焦镜头拍摄鸟类时，由于焦距较长，主要快门速度不要低于安全快门速度，如此才能得到清晰的画面（焦距：270mm ┆ 光圈：F11 ┆ 快门速度：1/1250s ┆ 感光度：ISO800）

曝光三要素之感光度

认识感光度

感光度，就是指数码相机感光元件对光线的敏感程度，英文缩写为 ISO。数码相机的感光度值一般有 100、200、400、800、1600、3200 等。

感光度每增加一挡，感光元件对光线的敏锐度会增加一倍，在同等曝光条件下，可以缩小一挡光圈或提高一挡快门速度。通常 ISO100 以下的感光度是低感光度，ISO400~ISO800 为中感光度，ISO1000~ISO1600 为高感光度，ISO2000 及以上为超高感光度。

虽然使用高感光度，即使在弱光环境下拍摄也能够获得清晰的拍摄效果，但感光度不是越高越好，过高的感光度容易产生噪点。感光度越高，产生的噪点就越多，影像的品质就越差，所以拍摄时要根据周围环境光的强弱来选择适合的感光度。

下面的表格分别针对佳能与尼康展示了不同相机的感光度范围，基本的规律是越高端的相机感光度的范围也越广。

APS-C 画幅 /DX 画幅		
佳能	Canon EOS 800D	Canon EOS 80D
ISO 感光度范围	ISO 100~ISO 25600 可以向上扩展至 ISO 51200	ISO 100 ~ ISO 16000 可以向上扩展到 ISO 25600
尼康	Nikon D5600	Nikon D7500
ISO 感光度范围	ISO 100-25600	ISO 100-51200 可以向下扩展至 ISO 50，向上扩展到 ISO 1640000
全画幅		
佳能	Canon EOS EOS 6D Mark Ⅱ	Canon EOS 5D Mark Ⅳ
ISO 感光度范围	ISO 100~ISO 40000 可以向下扩展至 ISO 50，向上扩展至 ISO 102400	ISO 100~ISO 32000， 可以向下扩展至 ISO 50，向上扩展至 ISO 102400
尼康	Nikon D810	Nikon D850
ISO 感光度范围	ISO 64~ISO 12800 可以向上扩展到 ISO 51200	ISO 64~ISO 25600 可以向下扩展至 ISO 32，向上扩展到 ISO 102400

操作方法 Nikon D7500 相机设置感光度的方法

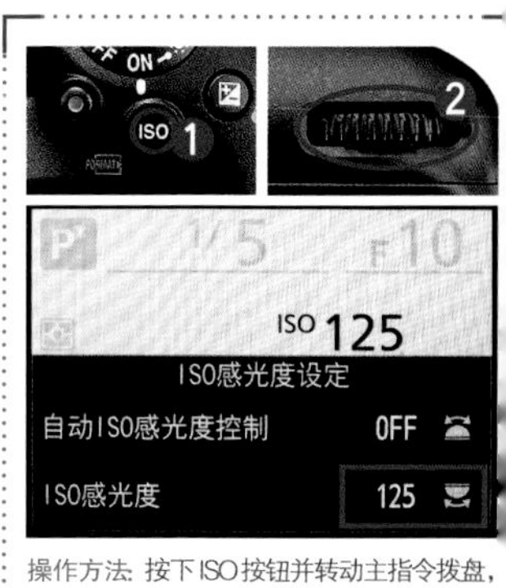

操作方法：按下 ISO 按钮并转动主指令拨盘，即可调节 ISO 感光度的数值。

操作方法 Canon EOS 80D 相机设置感光度的方法

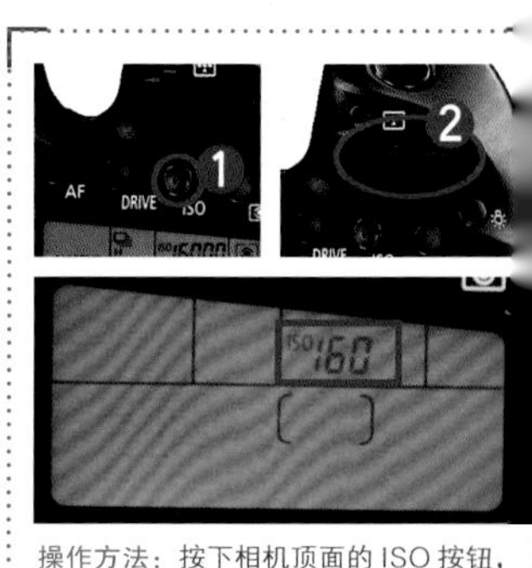

操作方法：按下相机顶面的 ISO 按钮，然后转动主拨盘即可调节 ISO 感光度的数值

感光度对曝光的影响

作为控制曝光的三大要素之一，在其他条件不变的情况下，感光度每增加一挡，感光元件对线的敏锐度会增加一倍，即曝光量增加一倍；感光度每减少一挡，曝光量则减少一半。

感光度的变化直接决定了光圈或快门速度的设置，以 F2.8、1/200s、ISO400 的曝光组合为，在保证被摄体正确曝光的前提下，如果要改变快门速度并使光圈数值保持不变，可以提高或低感光度，快门速度提高一挡（变为 1/400s），则可以将感光度提高一挡（变为 ISO800）；果要改变光圈值而保证快门速度不变，同样可以设置感光度数值，例如，要增加两挡光圈（变 F1.4），则可以将 ISO 感光度数值降低两挡（变为 ISO100）。

（焦距：100mm ¦ 光圈：F2.8 ¦ 快门度：1/13s ¦ 感光度：ISO320）

（焦距：100mm ¦ 光圈：F2.8 ¦ 快门速度：1/13s ¦ 感光度：ISO400）

（焦距：100mm ¦ 光圈：F2.8 ¦ 快门速度：1/13s ¦ 感光度：ISO500）

（焦距：100mm ¦ 光圈：F2.8 ¦ 快门度：1/13s ¦ 感光度：ISO640）

（焦距：100mm ¦ 光圈：F2.8 ¦ 快门速度：1/13s ¦ 感光度：ISO800）

（焦距：100mm ¦ 光圈：F2.8 ¦ 快门速度：1/13s ¦ 感光度：ISO1000）

通过感光度改变快门速度

在其他因素相同的情况下，曝光时间（快门速度）与感光度成正比。也就是说，ISO 感光度的设置越低，正确曝光所需要的快门速度也越低；当感光度数值提高后，也能够提高感光度。

在弱光环境下，设置较低的感光度时，快门速度往往过低，摄影师手持拍摄容易由于手的抖动而导致焦点不实、画面模糊。此时可以调高数码单反相机的感光度设置，感光度每提高一挡，快门速度提高一挡。

例如，在光圈不变的情况下，当感光度为 ISO100 时的快门速度是 1/30s，而将感光度提高到 ISO1600 时，快门速度可以调整为 1/500s，这样可保证画面的曝光量相同。在拍摄夜景或在弱光环境下拍摄时，常需使用高感光度来提高快门速度。

（快门速度：1/50s ¦ 感光度：ISO400）

（快门速度：1/80s ¦ 感光度：ISO640）

（快门速度：1/100s ¦ 感光度：ISO800）

由于室内光线较暗，拍摄好动的儿童时需要设置较高的快门速度，在光圈不变的情况下，随着感光度的提高，快门速度也提画面中的孩子也越来越清晰（焦距：30mm ¦ 光圈：F6.3 ¦ 快门速度：1/320s ¦ 感光度：ISO1600）

感光度对画质的影响

虽然调高感光度可以提高快门速度，但是照片的成像质量会下降。使用过高的感光度，不仅会使所拍照片的噪点增多，而且还会对画面的细节锐度、色彩饱和度、色彩偏差、画面层次和画面反差等产生不良影响。

图像处理芯片技术越来越高，目前大部分数码单反相机在低于 ISO800 的情况拍摄照片的画质是令人满意的；而当感光度高于 ISO800 时，画质的损失就较大了。数码单反相机越高端，画面质量也就越好。

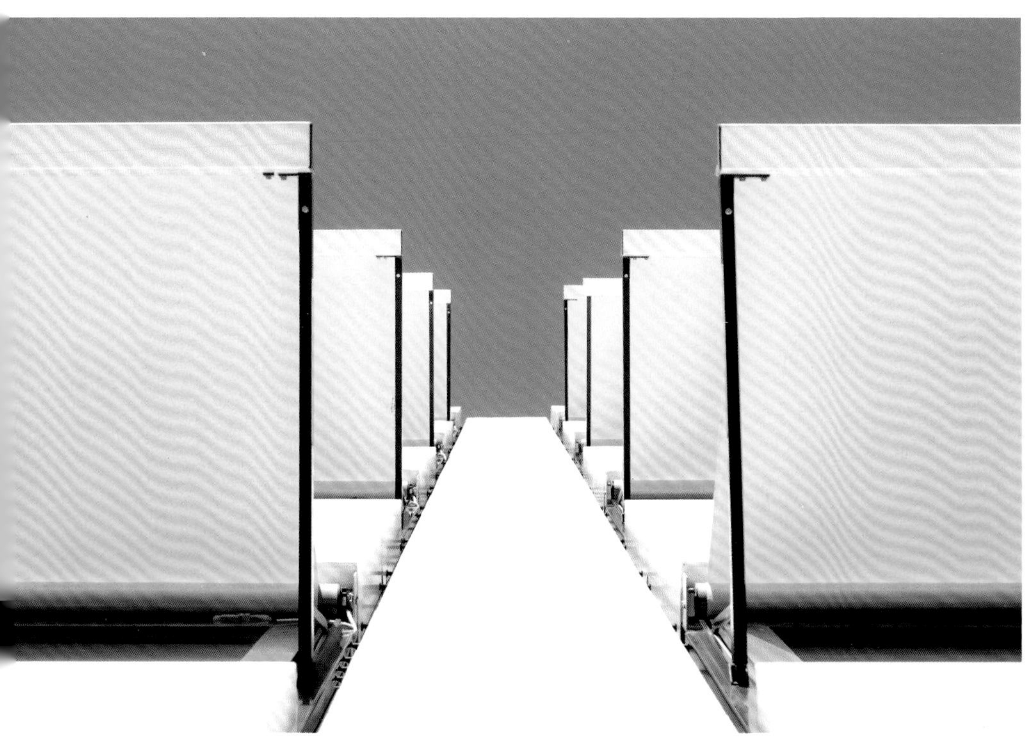

为了避免弱光环境对画面产生无法避免的噪点，我们选择了两幅在光线充足的情况下拍摄的景色作为对比，用图片说明感光度对画质的影响

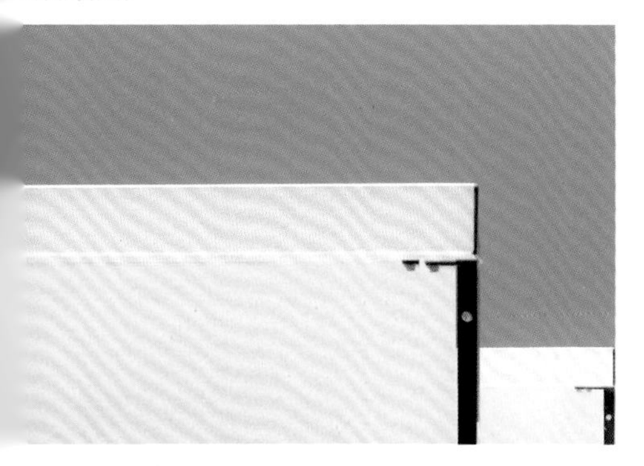

这幅是感光度较低的作品，画面上几乎没有噪点（焦距：80mm ┊ 光圈：F10 ┊ 快门速度：1/200s ┊ 感光度：ISO100）

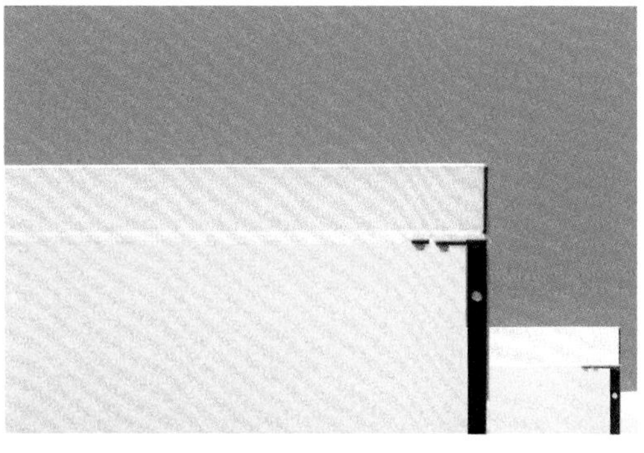

↑ 这幅作品中感光度很高，画面中的噪点非常明显，同时感光度的提高，还影响了快门速度，当感光度提升时，要提高等量的快门速度，才能得到相同的曝光（焦距：80mm ┊ 光圈：F10 ┊ 快门速度：1/3200s ┊ 感光度：ISO1600）

没有正确的曝光，只有合适的曝光

照片的曝光参数值没有固定的标准，一张照片的“准确”曝光，主要看摄影师想要表达的

想，以及是否准确突出了照片的主体。在不同的光线环境和表达需求下，不同的曝光参数组

会产生视觉感受完全不同的画面效果。

没有特别要求的情况下，准确曝光，也可以获得理想的画面效果。经过相机的曝光拍摄后，所得到的影像质量符合或基本符合摄影师的意图和需求，即可被认为是准确的曝光。

特殊的画面效果，可以通过刻意的调整曝光来实现，这就需要拍摄者熟练地掌握曝光的各

技术，灵活组合、运用不同的曝光组合，形成不同的画面效果，表达不同的拍摄主题，以突

作品的独特风格。

↑利用点测光对画面进行准确测光，呈现色彩绚丽、意境幽谧的画面效果（焦距：100mm ┊ 光圈：F5.6 ┊ 快门速度：1/8s ┊ 感光

ISO400）

第 2 章
掌握控制曝光的方法

章扩展学习视频

曝光补偿原理是什么？实践中如何运用？

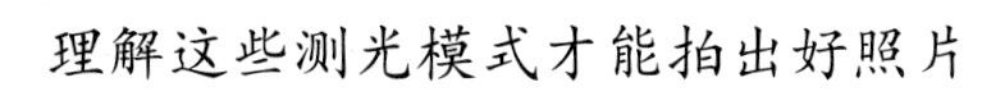

理解这些测光模式才能拍出好照片

选择合适的曝光模式控制曝光

在所有曝光模式中，除了使用M挡可以通过曝光三要素控制画面亮度之外，其余曝光模式均为相机根据测光情况自动确定画面亮度。因此，除了M挡之外的曝光模式，其作用其实是为了在保证画面亮度正常的情况下，可以快速调整曝光三要素中的个别参数，从而拍出具有不同效果的照片。

P 模式

选择程序自动模式拍摄时，相机会在对拍摄对象进行自动测光后记录曝光量，拍摄者可直接使用相机测光得到的曝光组合进行拍摄，也可以通过转动主拨盘来选择等效的曝光组合，假如相机测出的曝光组合为 F4、1/200s，那么 F5.6、1/100s 的曝光组合是与其等效的。另外，选择该曝光模式时，拍摄者可以对白平衡等参数进行设置。程序自动模式在模式转盘上通常用 P 来表示，适合对各种场景的拍摄。

操作方法 Nikon D7500 相机程序自动模式设置

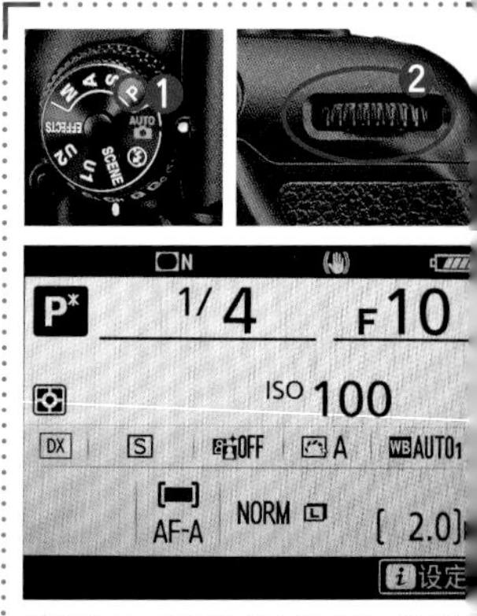

操作方法：在程序自动模式下，通过旋转主指令拨盘选择快门速度和光圈的不同组合

操作方法 Canon EOS 80D 相机程序自动模式设置

操作方法：在程序自动模式下，可以通过转动主拨盘选择快门速度和光圈的不同组合

采用 P 模式拍摄时，一般能得到合适的曝光，适合抓拍，走在路上遇到有趣的场景时可迅速拍摄（焦距：200mm ¦ 光圈：F4 ¦ 快门速度：1/500s ¦ 感光度：ISO100）

光圈优先模式（A/Av）

作方法 Nikon D7500 相机光圈优先模式设置

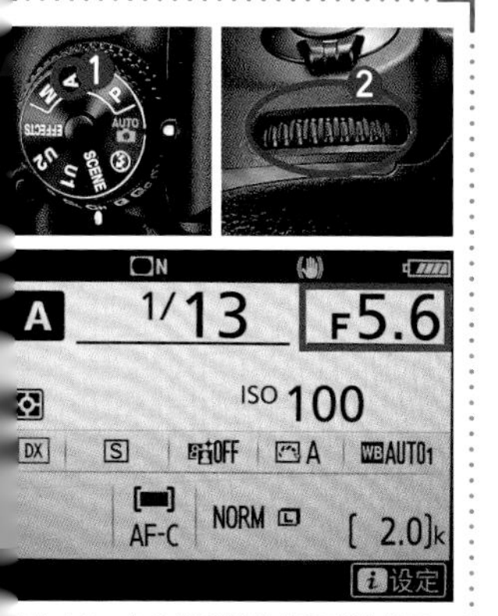

操作方法：在A挡光圈优先曝光模式下，可通过旋转副指令拨盘调整光圈值

作方法 Canon EOS 80D 相机光圈优先模式设置

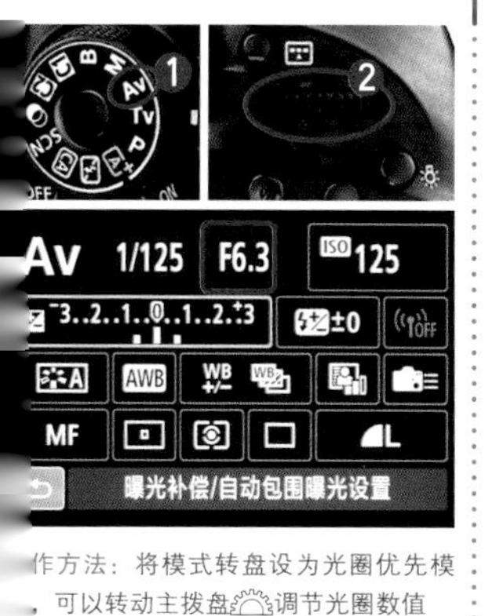

作方法：将模式转盘设为光圈优先模式，可以转动主拨盘调节光圈数值

使用光圈优先模式拍摄时，拍摄者可以手动设置光圈大小，相机会根据环境光线选择快门速度以获得正常的曝光。光圈优先模式在模式转盘上通常用 A 或 Av 表示。光圈的大小可以影响景深的大小，在采用特写的景别拍摄花朵、绿叶等题材时，为了突出被摄主体，拍摄时我们一般采用大光圈、长焦距获取小景深以达到虚化背景的效果。

同时，较大的光圈也能得到较高的快门速度，从而提高手持拍摄的稳定性。而在拍摄大场景风景类照片时，则通常采用较小的光圈，让画面景深的范围增大，以便使远处和近处的景物都清晰地呈现出来。

使用光圈优先模式，并使用大光圈虚景，在光斑的背景下画面看起来很（焦距：180mm ┆ 光圈：F2.8 ┆ 快度：1/250s ┆ 感光度：ISO100）

快门优先模式（Tv/S）

使用快门优先模式拍摄时，摄影师可以手动设置快门速度，相机会自动根据拍摄环境的光线设置相应的光圈值，以获得正常的曝光。光圈优先模式在模式转盘上通常用 Tv 或 S 表示。快门开启到关闭的时间越长，进入相机镜头的光线越多，从开启到关闭的时间越短，进入相机镜头的光线就越少。

在使用此模式进行拍摄时，使用低速快门可通过模糊移动的拍摄对象达到动态效果。例如，设置低速快门使得快速流淌的水流在画面中虚化模糊，达到如丝纱般清逸、缥缈的效果，拍摄夜间的车流时，使用慢速快门也可以获得非常漂亮的光轨效果。使用高速快门则可以在画面中凝固高速运动中的物体，如波涛汹涌的浪花。

操作方法 Nikon D7500 相机快门优先模式设置

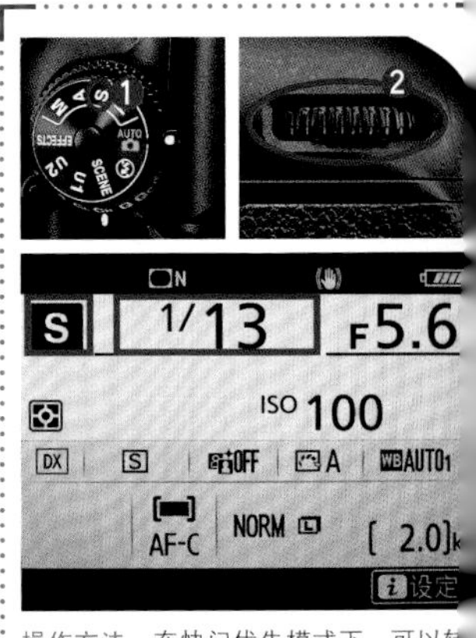

操作方法：在快门优先模式下，可以转动主指令拨盘调节快门速度

操作方法 Canon EOS 80D 相机快门优先模式设置

操作方法：在快门优先模式下，可以转动主拨盘调整快门速度数值

使用快门优先模式，拍摄海浪拍打礁石激起的水花，配合湍急的水流画面的现场感十足（焦距：20mm ¦ 光圈：F10 ¦ 快门速度：1/800s ¦ 感光度：ISO100）

操作方法 Nikon D7500 相机手动模式设置

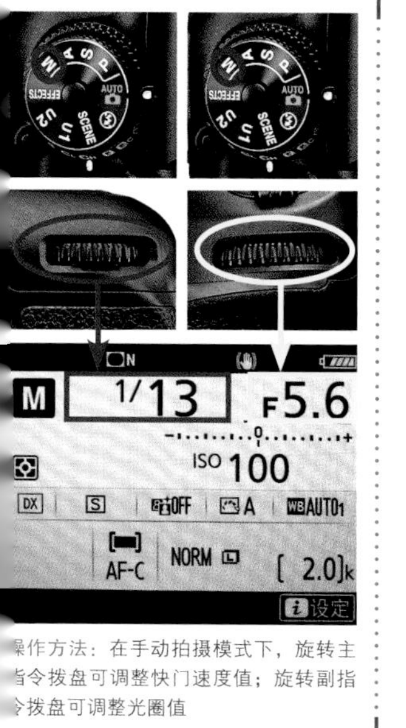

操作方法：在手动拍摄模式下，旋转主指令拨盘可调整快门速度值；旋转副指令拨盘可调整光圈值

操作方法 Canon EOS 80D 相机手动模式设置

操作方法：在手动拍摄模式下，转动主拨盘可以调节快门速度值，转动速控盘可以调节光圈值

手动模式（M）

虽然数码相机提供了多种简单方便的拍摄模式，但是在某些较复杂的光线环境下，或是拍摄一些需要特殊表现的主题时，这些拍摄模式都不能使用。这时最好根据拍摄现场，有针对性地手动设置各种拍摄数值，即使用手动曝光模式。手动模式在模式转盘上用M来表示，适合拍摄各类题材。

▲使用手动模式，经过长时间曝光，可得到如此细腻、漂亮的天空流云与平静水面（焦距：24mm ┆ 光圈：F11 ┆ 快门速度：20s ┆ 感光度：ISO100）

B 门模式

当使用 B 门曝光模式，摄影师持续地完全按下快门按钮时，快门一直保持打开状态，直到松开快门按钮时，快门才关闭并结束曝光过程，因此，曝光的时间长短取决于快门按钮被按下与被释放的中间过程，由于通常在拍摄需要长时间曝光的题材才使用，因此特别适合拍摄夜晚的车流、星轨、焰火等弱光摄影题材。

↑ B 门模式可以自定义控制曝光的时间，从而具有更大的曝光控制自由度（焦距：70mm ┆ 光圈：F16 ┆ 快门速度：15s ┆ 感光度：ISO200）

↑ 利用 B 门模式得到奇幻的星轨画面（焦距：20mm ┆ 光圈：F4 ┆ 快门速度：1500s ┆ 感光度：ISO800）

操作方法 Nikon D7500 相机 B 门模式设置

操作方法：在 M 挡全手动曝光模式下，通过旋转主指令拨盘或指令拨盘将快门速度调至 Bulb，即可切换至 B 门模式

操作方法 Canon EOS 80D 相机 B 门模式设置

操作方法：按住模式转盘解锁按钮并同时转动模式转盘，使 B 图标对应右侧白线标志，即为 B 门曝光模式。在 B 门曝光模式下，转动主拨盘或速控转盘即可设置所需的光圈值；使用佳能低端入门相机设置 B 模式时，需在快门速度降到 30s 后，继续向左旋转指令拨盘使快门速度显示为bulb

利用曝光补偿功能调整画面亮度

既然使用光圈优先、快门优先、程序自动曝光模式均无法控制画面亮度，那么当相机自动给的画面亮度不合适时该怎么办呢？就需要使用曝光补偿功能来调整画面亮度。

认识曝光补偿

由于利用曝光补偿可以在现有曝光结果的基础上对画面增减亮度，所以可以利用它来控制画的曝光。尤其是在要表现的对象比较特殊时，采用正常的曝光方式可能得不到正确的曝光结果，时就需要利用曝光补偿的方式调整画面。

通常情况下，正曝光补偿可增加画面亮度，让画面亮调的层次感更强；而负曝光补偿则会减画面亮度，让画面暗部的细节更富有层次感。

曝光补偿通常用类似“+1EV”的方式来表示。“EV”是指曝光值，“+1EV”是指在自动曝基础上增加一挡曝光；“-1EV”是指在自动曝光的基础上减少一挡曝光。目前，大部分新型码单反相机都可支持 -5.0EV~+5.0EV 的曝光补偿范围，并以 1/3 级为单位调节，这就使曝光偿的调整更加精确了。

操作方法 Nikon D7500 相机曝光补偿设置

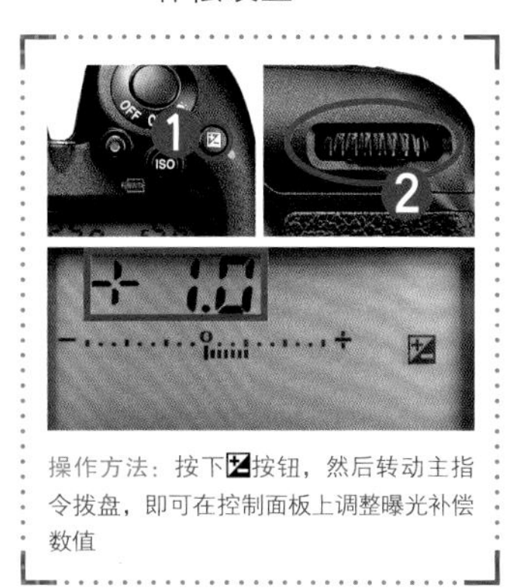

操作方法：按下☑按钮，然后转动主指令拨盘，即可在控制面板上调整曝光补偿数值

如果按相机自测的曝光值拍摄积雪，画面很可能会偏灰，通过增加曝光补偿的方还原画面中积雪的自然色彩，画面更明亮（焦距：18mm ┆ 光圈：F5 ┆ 快门速度：00s ┆ 感光度：ISO100）

操作方法 Canon EOS 80D 相机曝光补偿设置

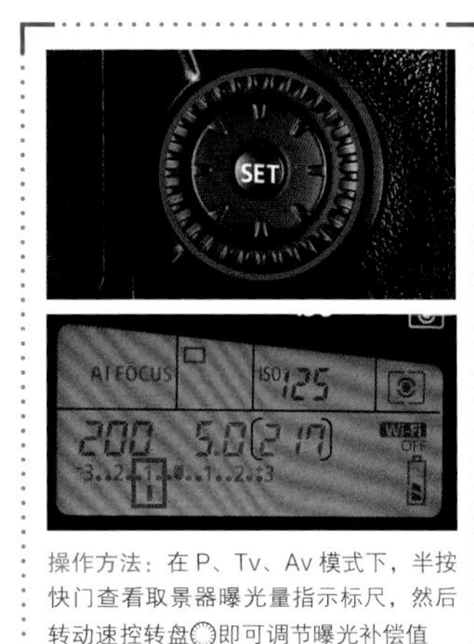

操作方法：在 P、Tv、Av 模式下，半按快门查看取景器曝光量指示标尺，然后转动速控转盘◯即可调节曝光补偿值

曝光补偿对曝光的影响

当增加一挡曝光时，要吸收更多的光线以提亮照片，例如，在光圈优先模式下，快门速度
降低一挡，以增加一倍的进光量；反之，曝光补偿减少一挡，由于照片整体变暗，因此，快门
度会提高一挡，以减少曝光时间，获得更暗的画面效果。

随着曝光补偿的增加画面越来越亮

曝光补偿方向——“白加黑减”

曝光补偿有正向与负向，即增加与减少曝光补偿，要判断是做正向还是负向曝光补偿，最简单的方法就是运用口诀“白加黑减”。“白加”里面提到的“白”并不是单纯的白色，而是泛指一切颜色看上去比较亮的、比较浅的景物，如雪、雾、白云、浅色的花朵等；同理“黑减”中提到的“黑”，也并不是黑色，而是泛指一切颜色看上去比较暗的、比较深的景物，如夜景、阴暗的树林、黑胡桃色的木器等。

当拍摄“白色”的场景时，就应该做正向曝光补偿；而当拍摄“黑色”的场景时，就应该做负向曝光补偿。

可根据拍摄题材的特点进行曝光补偿，以得到合适的画面效果

根据明暗比例设置曝光补偿量

根据“白加黑减”的口诀判断曝光补偿的方向，并非难事。难点在于对于不同的拍摄场景应该如何判断曝光补偿量。

实际上标准也很简单，就是要控制拍摄的场景在画面中的明暗比例。

如果明暗比例为1:2，应该做-0.3挡曝光补偿；如果明暗比例是2:1，则应该做0.3挡曝光补偿。

如果明暗比例为1:3，应该做-0.7挡曝光补偿；如果明暗比例是3:1，则应该做0.7挡曝光补偿。

如果明暗比例为1:4，应该做-1挡曝光补偿；如果明暗比例是4:1，则应该做1 挡曝光补偿。

总之，明暗比例相差越大，则曝光补偿数值就越高。

不过需要说明的是，以上说讲的曝光补偿规律，仅适用于矩阵测光（尼康）/评价测光（佳能）模式，在中央重点模式或点测光模式下，需要根据所测的曝光值灵活调整曝光补偿数值。

如果按相机自测的曝光值拍摄彩霞，画面很可能过亮，通过减少曝光补偿，可压暗画面，使得云彩的颜色更加浓郁，层次更细腻（焦距：18mm ┆ 光圈：F8 ┆ 快门速度：1/800s ┆ 感光度：ISO100 ）

选择正确的测光模式

矩阵测光（尼康）/评价测光（佳能）

矩阵测光与评价测光模式是最常见的测光模式，其测量范围较广，适用于光线分布均匀的拍摄环境，尤其是当被摄体受顺光照射或画面色彩差异较小时。在光线均匀的情况下拍摄大场景风光画面时常使用该测光模式。

散射光的天气下，景物的明暗对比不是很强烈，所以使用矩阵测光模式（焦距：36mm ┆ 光圈：F16 ┆ 快门速度：8s ┆ 感光度：ISO100）

中央重点测光（尼康）/中央重点平均测光（佳能）

中央重点测光 / 中央重点平均测光模式侧重于对画面中央区域进行测光，但也会兼顾其他部分的亮度。中央重点测光模式适用于光线分布不均匀的拍摄环境，例如，被摄体受前侧光或侧光照射时，以及画面亮暗差异较大时。在拍摄树木、花朵、独特的岩石等物体时，常用此测光模式。

由于人物处于画面的中央，所以使用了中央重点测光模式以得到曝光合适的画面（焦距：135mm ┆ 光圈：F3.5 ┆ 快门速度：1/320s ┆ 感光度：ISO100）

点测光[•] / [•]（佳能 / 尼康）

点测光模式是比较精准的测光模式，仅对画面 3% 左右的区域测光，其测量范围最小。点测光模式适用于反差较大的拍摄环境，例如，被摄体受逆光照射时。由于点测光的面积非常小，在实际使用时，可以直接将对焦点设置为中央对焦点，这样就可以对焦与测光的同步工作了。在明暗差距较大的环境中拍摄树木、花朵、山石等物体时常用到此模式。此外，在风光摄影中常利用这种测光模式将场景拍摄成为剪影效果。

针对天空中的灰部进行点测光，可以确保天空云层的曝光正确，环境则因曝光不足出现部分全黑的状况，得到剪影的画面效果（焦距：200mm ┆ 光圈：F5.6 ┆ 快门速度：1/1600s ┆ 感光度：ISO100）

局部测光（佳能[◌]）

局部测光的测光区域约占画面的 7.7%。当主体占据画面的位置较小，又希望获得准确的曝光时，可以尝试使用该测光模式。

拍摄中景人像时常用这种测光模式，因为人物在画面中所占的面积相对较大，所以更适合使用测光区域更大一些的局部测光，而不是中央重点平均测光。

针对花卉进行局部测光，可以确保花卉的曝光正确，背景则因曝光不足，损失很多细节，反而突出现了花的主体（焦距：200mm ┆ 光圈：F3.5 ┆ 快门速度：1/1000s ┆ 感光度：ISO100）

第3章
认识光线

章扩展学习视频

顺光的特点是什么？应该
何运用？

前侧光的特点是什么？应该如何
用？

侧光的特点是什么？应该如何运用？

侧逆光的特点是什么？应该如何运用？

逆光的特点是什么？应该如何运用？

光线的种类

自然光

自然光是指日光、月光和天体光等天然光源发出的光线。自然光具有多变性，其造型效果会因时间不同而不同，主要表现在自然光的强度和方向等方面。

由于自然光是人们最熟悉的光线，所以在自然光下拍摄的人像照片会让观者感到非常自然真实。但是，自然光不受人为控制，摄影爱好者只能努力适应。

虽然自然光不能从光的源头进行控制，但通过使用物体来遮挡或者在阴影处使用反射后的自然光，都是改变现有自然光条件的很好方法。风景、人物等多种题材均可以采用自然光拍摄以表现其真实感。

光线充足的情况下，借助合适的场景与摆姿，很容易拍出漂亮的人像照片，站在桃树前的女孩看起来非常清新宜人（焦距：200mm ┆ 光圈：F3.2 ┆ 快门速度：1/200s ┆ 感光度：ISO100）

人造光的特点

“人造光”是指按照拍摄者的创作意图及艺术构思由照明器械产生的光源，是一种使用单一或多光源分工照明完成统一光线造型任务的用光手段。

人造光的特点是，可以根据创作需要随时改变光线的投射方向、角度和强度等。使用人造光可以鲜明地塑造事物的形象，表现其立体形态及表面的纹理质感，展示人物微妙的内心世界，真切地反映拍摄者的思想感情和创作意图，体现环境特征、时间概念和现场气氛等，再现生活中某种特定光线的照明效果，形成独特的光线语言。

人造光在摄影中广泛应用，如婚纱摄影、广告摄影、人像摄影和静物摄影等。

↑ 利用人造光将手表的质感和特点充分地表现了出来，光滑的表壳结合背景厚重的色调使手表看起来十分高端、大气（焦距：50mm ¦ 光圈：F5.6 ¦ 快门速度：1/250s ¦ 感光度：ISO100）

← 可根据拍摄主题进行室内人像布灯，从而得到新颖的人像画面（焦距：85mm ¦ 光圈：F2.8 ¦ 快门速度：1/250s ¦ 感光度：ISO100）

光线的性质

直射光

直射光充满力量感，能赋予画面强烈的视觉效果。直射光的形成原因可以分为两种：一种是有明显投射方向的晴天下的阳光，另一种是指人工控制灯光设备得到的无遮挡直射光线。

直射光有明确的方向性，并会在画面中形成强烈的明暗对比，因此，特别适合展现对比度较大的风景画面，如人像摄影中的男性和老人，或是静物摄影中质感粗糙的非反光体等。

在侧光或逆光的角度下拍摄，能够强化这种光线的力度与方向感。

↑使用直射光拍摄山体，山体在蓝天的映衬下，其体积感和立体感表现得十分突出【焦距：150mm 光圈：f/5.6 快门速度：1/80s 感光度：100】

散射光

散射光一般可以分为两种类型：一种是自然光形成的散射光，如在阴天、雾天的光线均属于漫散射光线；另外一种是人工控制的散射光，如经过大型的柔光箱过滤后的光线，通过反光伞等其他柔光材料柔化后的光线。

散射光的典型特征是光线没有明确的方向性，所照明的物体也就没有鲜明的投影，明暗反差较弱。因此，用这种光线拍摄的画面，给人宁静、淡雅、细腻、柔和的感觉。散射光比较适合拍摄风光摄影题材中的高调画面，或人像摄影题材中的少女、儿童。

↑利用散射光拍摄松鼠，在均匀的光线照射下，松鼠身上的毛发清晰分明，画面有强的现场感【焦距：300mm 光圈：f/4 快门速度：1/800s 感光度：100】

光线的方向

光和影凝聚了摄影的魅力，随着光线投射方向的改
，在物体上产生的光影效果也发生了巨大的变化。

在拍摄照片时，根据光与拍摄对象之间的位置，
可以划分为顺光、前侧光、侧光、侧逆光、逆光、
光。这6种光线有着不同的照明效果，只有在理解和
悉不同光线的照射特点的基础之上，才能巧妙、精
地运用这些光线位置，使自己的照片具有更精妙的
影变化。

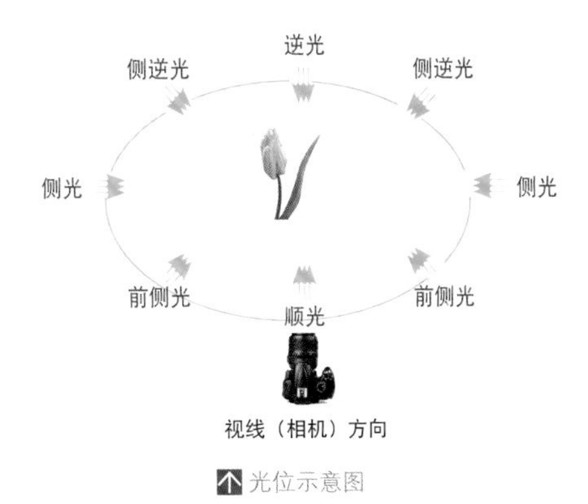

光位示意图

顺光使景物受光均匀

顺光是指从被摄景物正面照
过来的光线。顺光照射下的景
受光均匀，没有明显的阴影或
投影，景物的色彩饱和度好，
面通透、颜色亮丽，画面颜色
艳。

大多数情况下，使用相机的
动挡就能够在顺光下拍摄出不
的照片，因此，多数摄影初学
喜欢在顺光下拍摄。

需要指出的是，顺光照射下
物受光均匀会导致被摄景物缺
立体感及空间感。为了弥补顺
立体感、空间感不足的缺点，
摄时要尽可能地通过构图使画
中明暗协调，例如以深暗的主
景物配明亮的背景、前景，或
之。也可以运用不同景深对画
进行虚实处理，使主体景物在
面中突出。

摄影师使用顺光拍摄花卉，得到主体清晰、纹理丰富的画面，给人一种通透的感觉【焦距：200mm 光圈：f/2.8 快门速度：1/40s 感光度：100】

侧光使景物明暗对比鲜明

侧光即是当光线投射方向与相机拍摄方向呈90° 角时的光线侧光。由于侧光有强烈的明暗反差效果，在画面中可以体现出对比明显的受光面、背光面和投影关系，非常有利于表现粗糙的质感，是拍摄岩石、皮革、棉麻等材质的理想光线。

另外，侧光照射下的物体阴影浓郁，明暗对比强烈，可以使画面有一种很强的立体感与造型感。所以，侧光是比较丰富、生动的造型光。

↑利用侧光拍摄山体，画面明暗对比强烈，增强了山的立体感【焦距：100mm 光圈：f/9 快门速度：1/100s 感光度：100】

前侧光使景物明暗分配协调

前侧光就是指从拍摄对象的前侧方照过来的光，亮光部分约占拍摄对象2/3面积，阴影暗部约为1/3。利用这种光拍摄出来的画面比使用顺光时的阴影更显，比使用正侧光的亮光部分更大，即面的光线效果介于这两者之间。

前侧光拍摄的照片使景物大部分处在亮的光线下，很少部分构成阴影，既丰了画面层次，突出景物的主体形象，又使面协调，给人以明快的感觉，拍摄出来照片反差适中、不呆板、层次丰富。

利用前侧光拍摄人像、建筑、花木、水、沙漠、田园等题材时，可以得到有次感、立体感和空间透视感的画面。

利用前侧光拍摄人像时，画面明暗协调，让模特整体形象更加丰盈【焦距：45mm 光圈：f/7.1 快速度：1/200s 感光度：200】

侧逆光使景物有较强的立体感

光线从拍摄对象的后侧面射来，既侧光效果，又有逆光特点的光线，就侧逆光。侧逆光的光照情况与前侧光反，拍摄对象的受光面积小于背光面，阴影暗部大，光亮部分小。侧逆光有侧光效果又有逆光效果，具有极强表现力。

在使用侧逆光拍摄时，要仔细比、选取光线角度。当发现侧逆光对物的轮廓勾勒能够描绘出其特征时，就能再让光线过多地照射至其侧面，以免失去侧逆光的神秘色彩。要做到这一，必须认真、仔细地选择拍摄角度。

用侧逆光拍摄人像，模特的头发边缘出现漂亮轮廓光，为避免面部过暗，可利用反光板对其面进行补光【焦距：70mm 光圈：f/4 快门速度：25s 感光度：400】

逆光使景物呈现简洁的轮廓

逆光即来自拍摄对象后方的、投射方向与相机镜头的光轴方向相对的光线。

在逆光条件下，景物只有极少部分受光，阴影比较多，往往可以形成暗调效果，因此是表现低调画面的理想光线。

用逆光拍摄建筑、雕像等坚实的物体时，常常会呈现出清楚的轮廓线和强烈的剪影效果。如果拍摄花朵、草丛、毛发等表面柔软的物体，其表面的纤毛会在逆光下呈现出半透明光晕，不仅能够勾勒出物体的轮廓，将物体和背景拉开距离，还能使拍摄对象有种圣洁的美感。但是，无论拍摄哪种题材，如果在逆光拍摄时曝光不正确，就无法达到理想的效果，所以在拍摄时要充分考虑最终画面中景物的明暗划分。

在拍摄时，通常采取以下3种方法进行曝光，来获得理想的画面效果。

①当景物最有表现力的部分位于暗部时，对暗部进行测光，以保证暗部的层次。

②当主要表现拍摄对象的轮廓形态时，按亮部曝光，形成剪影或半剪影效果。

③当景物最有表现力的部分处于中间影调时，采用亮暗兼顾曝光，取亮暗之间的中间值进行曝光，保留景物的大部分层次。

拍摄漂亮剪影画面的技巧

发现剪影的技巧，在逆光下眯起眼睛观察主体，通过让进入眼睛的光线减少，将拍摄对象模拟成为剪影效果，从而更快、更好地发现剪影。

关于构图技巧：如果拍摄的是多个主体，不要让剪影之间产生大面积的重叠，因为重叠后的剪影可能让人无法分辨其原来的形态，从而失去剪影的表现效果。

关于创意技巧：利用空间错视的原理，使两个或两个以上的剪影在画面中合并为一个新的形象，可以为画面增加新的艺术魅力。

逆光下拍摄太阳，并对着天空较亮处进行测光，人和海面呈现强烈的剪影效果，用手做出心形将太阳置于其中，使画面充满创意效果，给人一种温馨浪漫的感受【焦距：30mm 光圈：f/2.8 快门速度：1/300s 感光度：100】

高逆光与低逆光的区别

按光源的高低位置，逆光还可以分为高逆光和低逆光。

高逆光的光源位置比较高，这种光线适合于表现前后层次较多的景物，但在拍摄时要选择较高的位置，以俯视的角度拍摄。在背景比较暗时，高逆光会在每一景物的背面勾勒出一条条精美的轮廓光，使前后景物之间产生较大的空间距离和良好的透视效果。

低逆光的光源位置较低，拍摄时最好在主体景物背后安排明亮的雪地或水面，由于逆光下的景物在画面中会形成剪影效果，因此能够与明亮的背景形成强烈的反差，使画面简洁、动人。

利用高逆光俯视拍摄山景，层叠的山峰呈现不同的剪影效果，增强了画面的层次感【焦距：24mm 光圈：f/22 快门速度：1/800s 感光度：400】

顶光使画面反差强烈

顶光就是指光源从景物的顶部垂直照射下来的光线。顶光适合于表现景物的上下层次，如风景画面中的高塔、亭台、茂密树木等可被照射出明显的明暗层次。

在自然界中，亮度适宜的顶光以为画面带来饱和的色彩、均的光影分布及丰富的画面细。

利用高逆光拍摄人像，模特的头顶被照亮，发的边缘出现漂亮的轮廓光【焦距：85mm 圈：f/4 快门速度：1/125s 感光度：100】

光线与影调

影调是指拍摄对象表面不同亮度光影的阶调层次，画面由于有了影调便有了立体感、质感。光线是形成影调的决定性因素，强弱程度不同的光线会形成不同的画面影调。

高调

高调照片的基本影调为白色和浅灰，面积约占画面的80%，甚至90%以上，给人以明朗、纯净、清秀之感。在风光摄影中适合于表现宁静的雾景、雪景、云景、水景，在人像摄影中用于表现女性与儿童，以充分表现洁净的氛围，表达柔和的特征。

在拍摄高调的画面时，除了要选择浅色调的物体外，还要注意运用散射光、顺光，因此，云、阴天、雾天或雪天是比较好的拍摄天气。

如果在影棚内拍摄，应该用有柔光材料的照明灯，从而用较小的光比来减少物体的阴影，成高调画面。

高调色阶在灰度图谱中的位置及分布

高调在画面中的分布示意图

白色的背景和纯白的衣服使画面以白为主色调，拍摄时又增加 1 挡曝光补偿让画面呈现高调效果，给人一种清新的感觉【焦距：85mm 光圈：f/5.6 快门速 1/100s 感光度：100】

中间调

中间调画面是指明暗反差正常、影调层次丰富、画面中包含由白到黑、由明到暗的各种层次影调的画面。中间调可充分表现色彩、质感、立体感以及空间感，在日常摄影中的运用最普遍，效果也最真实、自然。

中间调往往随着拍摄对象形象、光线、动势、色彩的构成不同而呈现出不同的情感。另外，拍摄正常影调的画面一定要曝光准确，以尽量包含较多的影调层次。

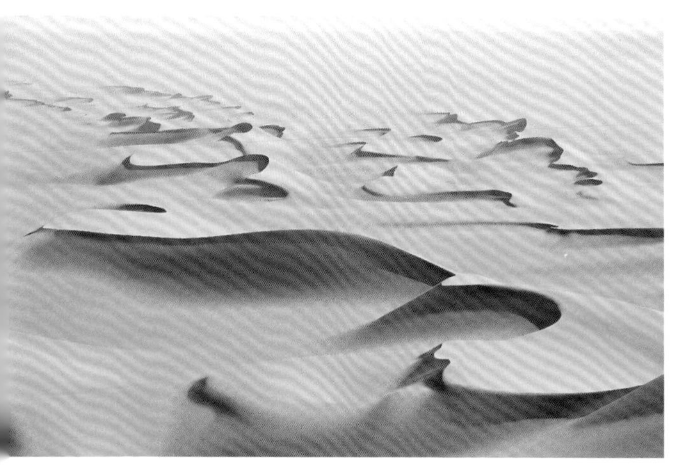

在阳光充足的直射光下，层叠的沙丘呈现光滑的感觉，与没有光线照射的阴影部形成明暗反差，增强了画面的立体感【焦距：35mm 光圈：f/4.5 快门速度：1/250s 光度：100】

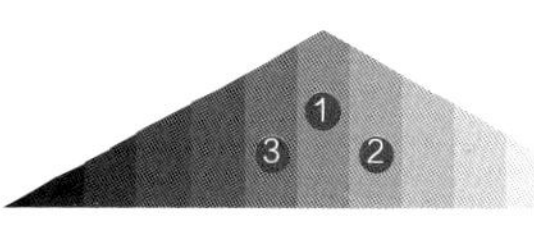

反差较小的中间调色阶在灰度图谱中的位置及分布

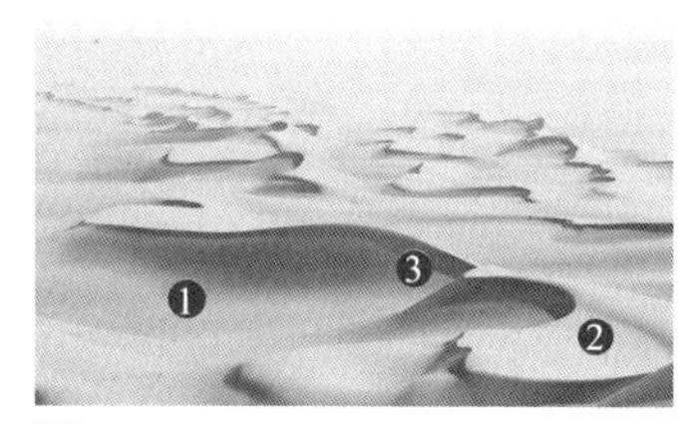

反差较小的中间调在画面中的分布示意图

在阳光的照射下花卉色彩明丽、真实自然，给人一种清新愉悦的感觉【焦距：mm 光圈：f/16 快门速度：1/320s 感光度：100】

反差较大的中间调色阶在灰度图谱中的位置及分布

反差较大的中间调在画面中的分布示意图

低调

低调照片的基本影调为黑色和深灰，占画面的70%以上，整幅画面给人以凝重、庄严、含蓄、神秘的感觉。风光摄影中的低调照片多拍摄于日出和日落时，人像摄影中的低调照片多用于表现老人和男性，以强调神秘或成熟的氛围。

在拍摄低调照片时，除了要求选择深暗色的拍摄对象，避免大面积的白色或浅色对象出现在画面中外，还要求用大光比光线，如逆光和侧逆光。在这样的光线照射下，可以将拍摄对象隐没在黑暗中，同时又勾勒出拍摄对象的优美轮廓，形成低调画面。

在拍摄低调照片时，要注重运用局部高光，如夜景中的点点灯光，以及人像摄影中的眼神光等，以其少量白色或浅色、亮色，使画面在总体深暗色氛围下呈现生机，以免低调画面灰暗无神。

摄影师利用黑色调拍摄渔船上生火点灯的老翁，跳动的火苗将其面部照得通亮，花白的胡子和满脸的皱纹给人一种沧桑的感觉【焦距：85mm 光圈：f/2 快门速度：1/200s 感光度：200】

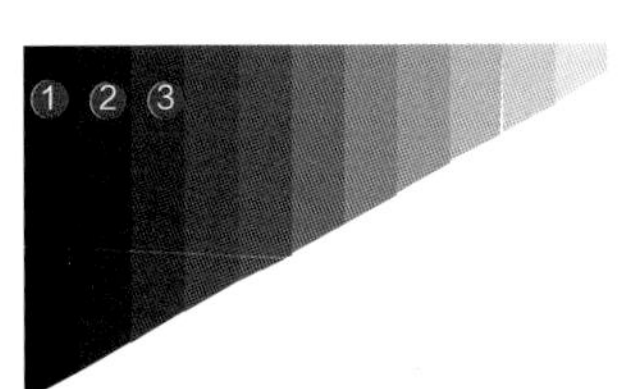

低调色阶在灰度图谱中的位置及分布

低调在画面中的分布示意图

第 4 章

光线的基本应用方法

章扩展学习视频

低调画面什么样？应该如何拍摄？

高调画面什么样？应该如何拍摄？

如何用光线塑造明暗对比？

利用自然光

判断光源的位置

自然光随时都在变化。在户外拍摄时，首先要明确光线的变化，了解光线的照射方向，这才能根据光位的变化选择最佳的拍摄角度以更好地表现被摄体。同时拍摄时还应注意光线的温，以达到创作的意图。如下图所示，侧光适合表现建筑物的立体感，拍摄前就要找好合适角度，受光面与背光面的对比，使建筑物看起来更具立体感。

建筑物在侧光照射下形成了明显的影，增强了画面的体感（焦距：24mm 光圈：F5.6 ┆ 快门度：1/250s ┆ 感光度：ISO100）

环境反射光对画面会造成一定的影响

环境对画面的影响是不可小觑的，通过环境可表现出被摄体的特点。在拍摄时，要注意环中的反射光，避免破坏画面色彩及影调。如果拍摄环境会影响被摄体，可利用反光板之类的件来避免。

为了避免被摄上有绿色的反光，用银色反光板使画彩真实还原（焦 50mm ┆ 光圈：F5. 快门速度：1/100s 光度：ISO100）

拍摄照片的黄金时段

拍摄照片的黄金时段通常是日出、日落两个时间，这两个间的光线变化多样，且光线柔、色温较高，拍摄出的画面影细腻，层次丰富。这个时段的线具有较强的表现力。

选择暗背景可突出轮廓光，还要注意对者的面部进行补光（焦距：50mm ┊ 光F5.6 ┊ 快门速度：1/100s ┊ 感光度：00）

正午的光线反差最大

正午的光线照射强烈，属于寸的硬光，此时拍摄出来的画比很大，画面色彩鲜明，明差较大，有利于表现被摄物的立体感。但是容易忽视局部，拍摄时要注意补光，以缩明暗的反差。如右图所示，摄选择了大场景进行拍摄，平的草原不会产生太多的阴影，树木的阴影刚好使之与草地分使画面不会显得平板。

阳当空下的草原，画面对比强烈，反影子使树木和草原区分开来（焦距：┊ 光圈：F10 ┊ 快门速度：1/250s ┊ 感ISO100）

烈日下的取景技巧

如果在正午拍摄，应该避免直接对着光线取景，可以在树荫下，或是树丛中拍摄。通过树叶对光线的遮挡，来降低光线的强度。当拍摄景物时，适当地遮挡光线可以使景物显得更加细腻；当拍摄人物时，消弱光线后的人物会显得更加柔美。还可以利用强烈的光线进行逆光的拍摄，使被摄物呈现一种半透明状，营造出不一样的画面效果。

↑ 逆光拍摄的红色枫叶，呈现一种半透明效果，非常艳丽（焦距：200mm ┆ 光 F10 ┆ 快门速度：1/640s ┆ 感光度：ISO200）

夕阳的暖色光线

夕阳的色温是很低的，呈现一种暖暖的色调，在拍摄夕阳的景色时可以将海平面作为取景点，因为海面的反光与天空云霞的色彩可以烘托出整个画面的色彩与意境，使光线的特点更突出。如果想使暖调的感觉更加浓郁，可以借助白平衡的调整。

↓ 拍摄时增加曝光，更加显现波光粼粼的画面效果。调整白平衡，突出夕阳的暖调特点（焦距：10mm ┆ 光圈：F16 ┆ 快门速 1/640s ┆ 感光度：ISO200）

晴天硬朗的直射光线

在万里无云的晴天下，光线也是很强烈的，产生的投影也很硬朗，能够增强画面的明暗对比，突出被摄对象的轮廓。硬朗的直射光线会造成人物的面部阴影过多，不利于凸显主体柔美的特性，因此不适合表现女性，而多用于拍摄男性和风景。

从阴影处可以看出，直射光线 较强烈，同时以蓝天作为背景，更好地突出了天气晴朗的特点（焦距：24mm ¦ 光圈：F11 ¦ 快门速度：1/250s ¦ 感光度：ISO100）

阴天的柔和光线

在阴天拍摄时，因为多云，光线较为柔和，适合对花朵、树叶等植物进行特写拍摄。在柔和的光线条件下，拍摄对象不会形成强烈的明暗反差，因此画质会显得更加细腻柔和。在拍摄色彩艳丽的花朵时，柔和的光线会减弱画面的强烈反差，突出花朵柔和细腻的特点。如右图所示，画面因阴天而呈现一种雾蒙蒙的感觉，如笼罩着一层绿色的薄纱，有温馨、宁静的感觉。

在阴天柔和的光线下，画面整体没有明显的阴影，反差小，感觉很细腻（焦距：50mm ¦ 光圈：F5.6 ¦ 快门速度：1/100s ¦ 感光度：ISO200）

突出雨天特色的画面效果

在雨天拍摄的较少，因为雨天通常给人阴沉昏暗的感觉，如果想拍摄出与之相反的画面效果，就需要花些心思取景了。不但能表现雨天的特点，还可以创作出更多具有独特意境的画面。如右图所示，利用大光圈拍摄出光斑的画面效果，树叶的一小部分才是实的，虚实对比出梦幻的画面。

↑ 为得到水珠闪光的效果，可利用星光镜（焦距：200mm ┆ 光圈：F1.8 ┆ 快门速度：1/250s ┆ 感光度：ISO100）

在室内时借助窗户的光拍摄

在室内拍摄人像，如果仅仅借助室内的光源，而光线仍不足时，可能造成画面偏暗、人物模糊的情况，这时可以借助室外的光线，让被摄者靠近窗户进行拍摄，利用自然光源拍摄，画面色彩也将更加真实，而且斜射的光线还会使被摄者的面部更有立体感。

→ 光线斜射进来，照亮了被摄者一半的身体，形成独特的画面效果（焦距：70mm ┆ 光圈：F4 ┆ 快门速度：1/640s ┆ 感光度：ISO400）

刂用人造光

使用闪光灯需要准备的器材

内闪柔光罩

外闪柔光罩

光灯柔光罩：若直接使用闪光灯，拍摄人像时会给被摄者面部造成生硬的阴影，这时可如上图所示使用柔光罩，以化闪光灯射出的光线。

三脚架

反光伞

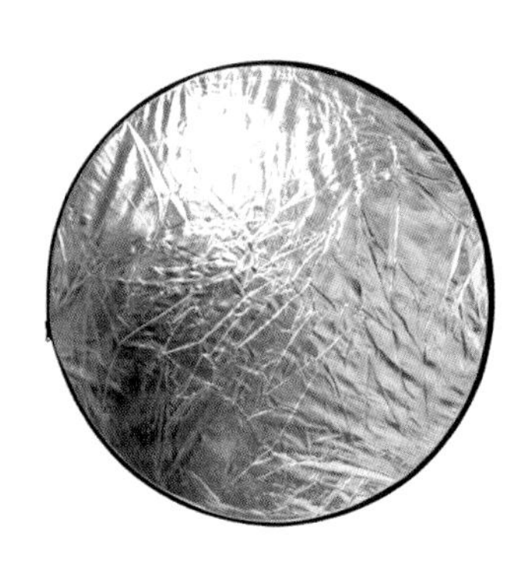

反光板

脚架或专业的闪光灯：便于稳定置闪光灯及架设其他附件。

反光伞和反光板：可以反射直射光线使之变得柔和，也可以减弱暗部的阴影。

闪光灯包括内置闪光灯和外置闪光灯。闪光灯可用来表现强烈的对比效果，还可用来塑造被体的轮廓，通常还会借助反光装置和柔光装置来柔化光线。使用闪光灯拍摄时尽量避免在直光线下进行。

闪光同步时间

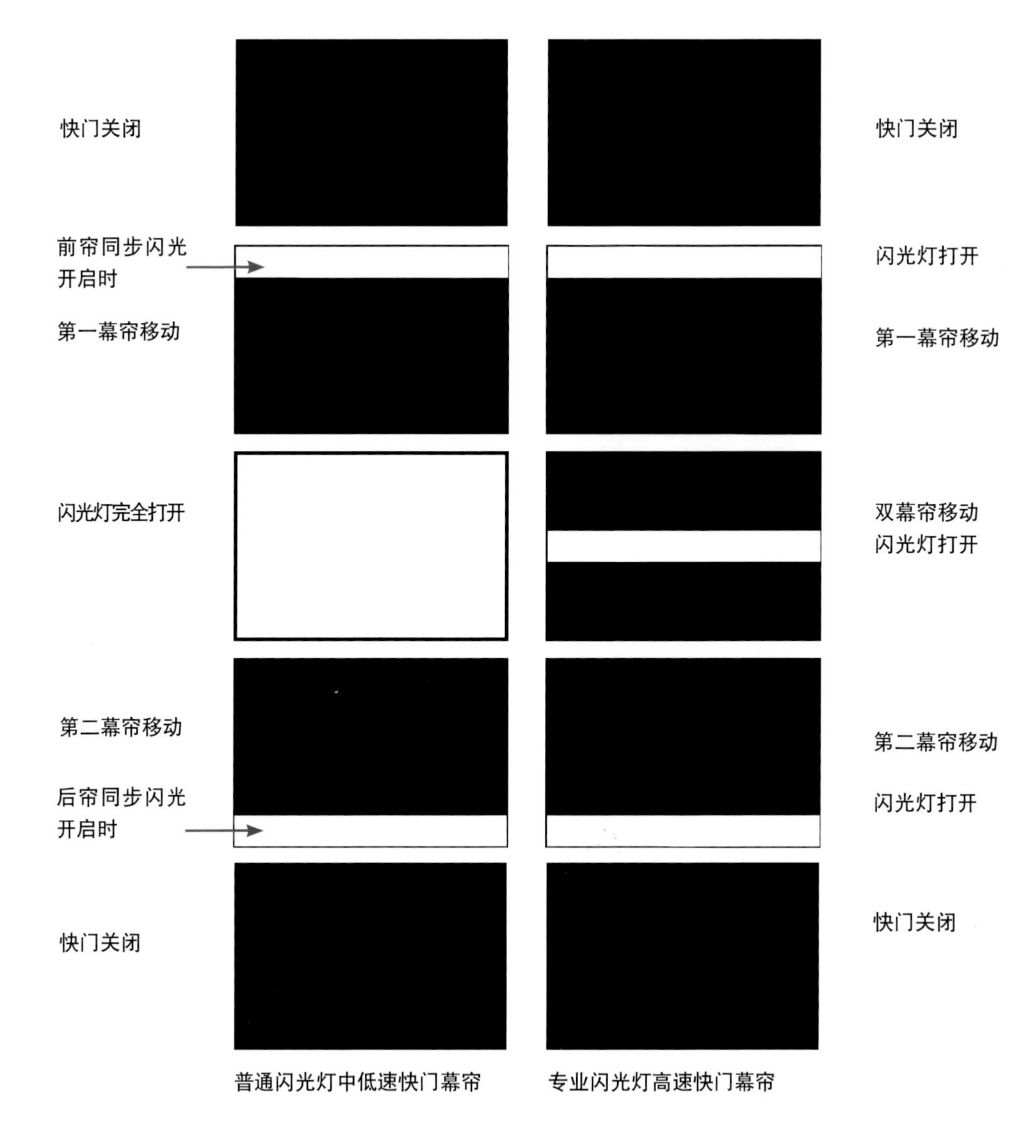

不管是使用普通内置闪光灯还是外接闪光灯拍摄时，需要注意闪光同步的问题，也就是指能否在同步时间内让整幅画面获得准确的曝光。如果高于同步时间，就会出现右图画面中部分影像被快门阻挡无法获得曝光的画面。

除非使用高级闪光灯，并使用可达到1/1000s的高速移动的快门，经过多次闪光可使画面获得准确的曝光。

通过距离控制闪光灯强弱

5m

3m

1m

↑选择恰当的距离对被摄者闪光，可获得合适曝光的画面（焦距：70mm ┆ 光圈：F4 ┆ 快门速度：1/640s ┆ 感光度：ISO400）

在使用不可调整闪光指数的简易闪光灯时，拍摄者可以通过改变闪光灯与被摄体距离的方式，即“近强远弱”来控制画面的曝光量。

调节闪光补偿控制闪光灯强弱

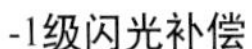

-1级闪光补偿

+1级闪光补偿

无闪光补偿

↑拍摄时经过增加或减少选择合适的画面（焦距：25mm ┆ 光圈：F4 ┆ 快门速度：1/125s ┆ 感光度：ISO100）

在使用闪光灯时，通过调整内置闪光灯闪光补偿或调整外置闪光灯的强度，便可以在不改变闪光距离的情况下获得不同的曝光效果。通过三张照片的对比可以看出，三张照片随着闪光补偿的递增，画面亮度提高。

使用机位直接闪光法减少投影

机位直接闪光法即闪光灯对着人物正面直接拍摄。这时如果拍摄角度也是正面，拍摄的画面投影的面积是最小的，被摄体被照亮的面积会被最大化，适合展现被摄体正面的细节。

利用闪光灯对着被摄者的正面进行闪光，使得被摄者的面部获得了最小化的阴影面积，清晰明了地展现出被摄者的正面特征（焦距：50mm ┆ 光圈：F10 ┆ 快门速度：1/125s ┆ 感光度：ISO200）

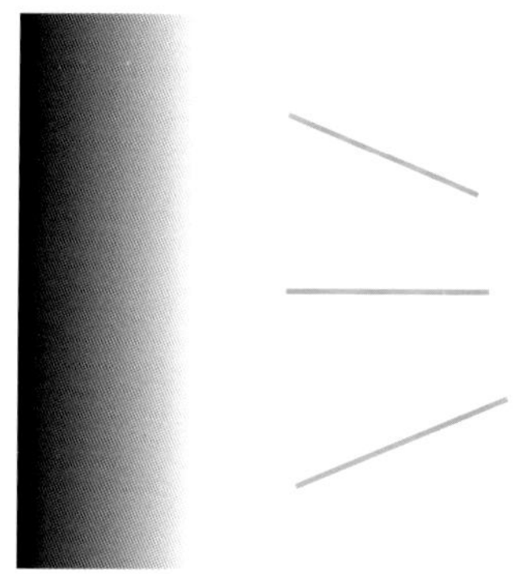

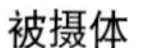

被摄体

闪光灯

外置闪光灯的使用方法

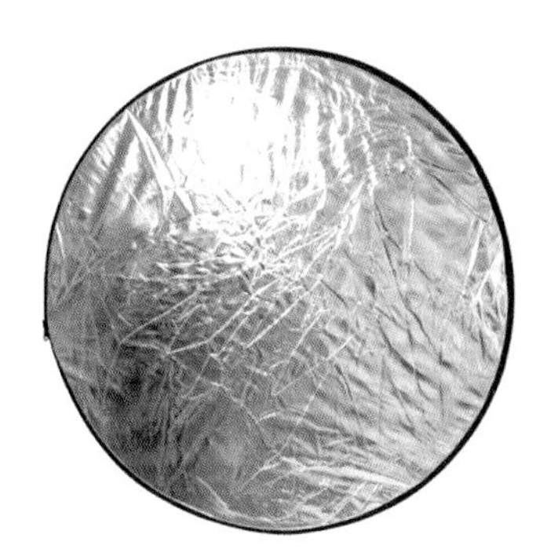

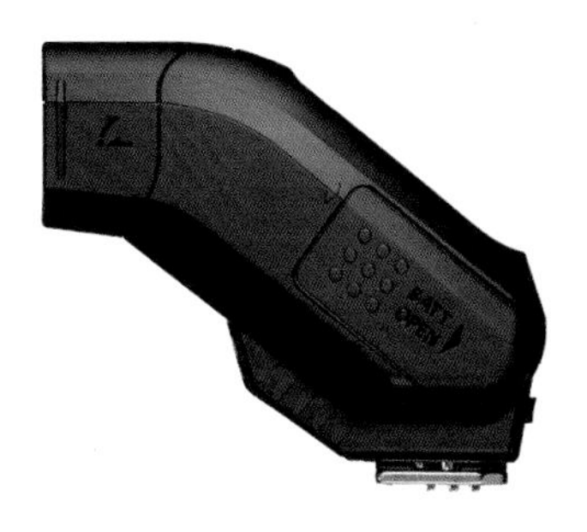

闪光灯和反光板结合使用

外置闪光灯的使用方法：

当拍摄者在室内拍摄时，可改变闪光灯灯头的朝向，但需要注意的是，反射墙最好为白色，以免影响画面色调。

拍摄者也可以使闪光灯对着反光板，将直射光变为反射光。

使用多支外置闪光灯的方法：

结合脚架和闪光灯引闪装置可获得多角度的布光效果。

B 门下扩大闪光灯的照射范围

拍摄时还可以根据需要，在B门下扩大闪光灯的照射范围，使用闪光灯多次闪光，获得适当曝光的拍摄手法。拍摄时可使用一定的照明工具照亮被摄体，然后利用B门长时间曝光，获得正确曝光下的特殊曝光效果，可拍摄出特别的画面。

测光时对准草地和树木，这样才能表现出细节（焦距：70mm ┆ 光圈：F5.6 ┆ 快门速度：1/100s ┆ 感光度：ISO200）

防红眼模式

如果被摄者在较暗的环境中待得时间长，如果突然被亮光照射，会使眼底充血，造成红眼的现象。开启防红眼模式后，在闪光之前防红眼指示灯会亮起，这就可以避免闪光瞬间使眼底充血的现象了。如果没有这一模式，还可以使用其他的明亮工具照亮眼部，使眼睛适应之后再拍摄。

在光线较暗的环境拍摄下，闪光灯突然打开很容易出现红眼现象，而开启了防红眼模式会避免这一现象（焦距：145mm ┆ 光圈：F5 ┆ 快门速度：1/250s ┆ 感光度：ISO1250）

第 5 章
人像曝光与用光实战技巧 47 招

章扩展学习视频

让人像照片有神采的拍摄法

怎样让人像照片有情绪？

四大技巧拍出背景虚化的糖水人像

让模特皮肤白皙嫩滑的拍摄方法

五招拍出活泼灵动的儿童摄影作品

技巧 1 美化人物肌肤的顺光

顺光拍摄人像就是光线直接从人物正面射来，人物被摄面的全部或者大部分区域都成为受光面，受光较为均匀，不会有特别明显的阴影，可使人物的面部肌肤在视觉上显得白净、柔嫩。

顺光角度拍摄湖畔边的女孩时，使用评价测光即可得到曝光合适的画面，明亮的画面给人清新、淡雅的感觉（焦距：135mm ┆ 光圈：F6.3 ┆ 快门速度：1/250s ┆ 感光度：ISO200）

技巧 2 展现人物轮廓的侧逆光

在侧逆光下拍摄人像时，画面整体偏暗，人物受光线照射的亮部面积较少，但能在被摄人物的受光面产生清晰的轮廓线，不仅能将人物曼妙的曲线勾勒出来，而且使其与背景相分离，从而在画面中更好地被凸显出来。

侧逆光角度拍摄人像时，使用点测光对其受光处进行测光，得到有轮廓光效果的人物画面。轮廓光将人物头发轮廓勾勒出来，并使其与灰暗的背景相分离，从而凸显头发的美感（焦距：200mm ┆ 光圈：F2.8 ┆ 快门速度：1/250s ┆ 感光度：ISO400）

技巧3 表现人物立体感的前侧光

前侧光集合了侧光与顺光的优点，并且稍微回避了两者的不足，是一种比较常用的人像光线。前侧光位于顺光与侧光之间，即人物的被摄面面向白光源左右两边 90° 角间的任意位置，最标准的为 45° 夹角。前侧光不但可以大面积照射被摄对象的正面，同时还因为其与被摄对象之间存在着夹角，所以能在画面中形成明暗对比，从而使被摄对象的脸部看起来很立体。

因此，这种光位被广泛运用于人像摄影中，是拍摄人像的理想光线。

选择前侧光角度拍摄一脸明媚的新娘，不仅使其面部看起很白皙，少许的阴影也使五官更显立体（焦距：190mm ┆ 光圈：F2.8 ┆ 快门速度：1/320s ┆ 感光度：ISO100）

技巧4 强调人物形体的逆光

在逆光下拍摄人像可以得到两类效果都十分漂亮的照片，一是当逆光被作为主要光源拍摄时，会获得形式美感强烈的深暗剪影效果的照片；二是当逆光被作为次要光源拍摄时，则以轮廓光的形式出现，会在被摄人物身上勾勒出较为明亮的轮廓线条，增加画面的艺术美感，营造温馨气氛。逆光拍摄人物时要注意，由于光线明暗差距较大，为避免背景过亮，应使用点测光对背景进行测光后，再使用反光板或闪光灯对人物面部进行补光。

黄昏时分拍摄的逆光人像，对人物身体的受光部位进行测光，并使用反光板为其面部补光，得到曝光合适的人像画面（焦距：135mm ┆ 光圈：F2.5 ┆ 快门速度：1/200s ┆ 感光度：ISO500）

技巧5 利用顶光突出表现人物发质

顶光是指投射方向来自被摄人物头顶正上方的光线。顶光拍摄的反差较强烈，拍摄人像时会使人物眼睛和鼻子下产生浓重的阴影，不利于刻画人物形象。这种光线通常配合其他照射方向的辅助光源共同使用。

↑顶光使被摄者的头部变得很有立体感，头发丝丝分明，而虚化的背景衬托着其棕色的发卷很有浪漫情调（焦距：85mm ¦ 光圈：F4 ¦ 快门速度：1/125s ¦ 感光度：ISO400）

技巧 6

低调画面表现人物的神秘感

低调人像的影调构成以较暗的颜色为主，基本由黑色及部分中间调颜色组成，亮部所占的比例较小。

在拍摄低调人像时，如以逆光的方式拍摄，应该对背景的高光位置进行测光；如果是以侧光或顺光方式拍摄，通常是以黑色或深色作为背景，然后对人物身体上的高光进行测光，该区域以中等亮度或者更暗的影调表现出来，而原来的中间调或阴影部分则再现为暗调。

在室内或影棚中拍摄低调人像时，根据要表现的内容，通常布置 1~2 盏灯。比如正面光通常用于表现深沉、稳重的人像，侧光常用于突出人物的线条，而逆光则常用于表现人物的形体造型或头发（即发丝光）。此时，人物宜身着深色的服装，以与整体的影调相协调。

在拍摄时，还要注重运用局部高光，如照亮面部或身体局部的高光，以及眼神光等，以其少量白色或浅色、亮色，在画面中加入浅色、亮色的陪体，如饰品、包、衣服或花等，避免低调画面灰暗无神，使画面在总体的深暗色氛围下生机勃勃。

用暗色作为背景，借助灯光使人物与背景的亮度有很大的反差，从而形成低调感很强的画面效果（焦距：22mm ┆ 光圈：F4 ┆ 快门速度：1/160s ┆ 感光度：ISO640）

技巧7 中间调画面是最具真实感的人像画面

中间调是指画面没有明显的黑白之分，明暗反差适中的画面影调。中间调层次丰富，适用于表现质感、色彩等细节，画面效果真实自然。其影调构成的特点是画面既不过于明亮，也不过于深暗。通常情况下，拍摄的人像照片大多属于这种影调。

中间调是最常见、应用最广泛的一种影调形式，也是最简单的一种影调，只要保证环境光线正常，并设置好合适的曝光参数即可。

↑ 由于没有明显的明暗反差，运用中间调表现的人物画面给观者一种真实、平和的感觉。画面无论是人物服装还是背景的色彩均得到良好的表达（焦距：200mm ┊ 光圈：F2.8 ┊ 快门速度：1/640s ┊ 感光度：ISO100）

技巧8 高调画面表现女性的柔美

高调人像的画面影调以亮调为主，暗调部分所占比例非常少，较常用于女性或儿童人像照片，且多用于偏艺术化的视觉表现。

在拍摄高调人像时，人物应身着白色或其他浅色服装，背景也应该选择浅色，并在顺光的环境下拍摄，以利于更好地表现画面。在阴天时，环境以散射光为主，此时先使用光圈优先模式（Av挡）对人物进行测光，然后再切换至手动模式（M挡）降低快门速度以提高画面的曝光量，也可以根据实际情况，在光圈优先模式（Av挡）下适当增加曝光补偿的数值，以提亮整幅画面。

为了消除高调画面的苍白无力感，要在画面中适当保留少量有力度的深色、黑色或艳色，如鞋、包、或花等。

拍摄时增加了曝光补偿，得到高调效果的画面，浅色背景使女孩的一头长发非常突出，也活跃了画面气氛（焦距：45mm ┆ 光圈：.5 ┆ 快门速度：1/250s ┆ 感光度：ISO100）

技巧 9 清爽的冷调人像画面

以蓝、青两种颜色为代表的冷色调，在拍摄人像时可表现出冷酷、沉稳等不同的情感。

与人为干预照片的暖色调一样，也可以通过在镜头前面加装蓝色滤镜，或在闪光灯上加装蓝色的柔光罩等方法，为照片增加冷色调。

以天空、大海和白色衣服构成的冷调画面看起来十分清爽怡人（焦距：85mm ┆ 光圈：F5.6 ┆ 快门速度：1/800s ┆ 感光度：ISO100）

技巧 10 温馨的暖调人像画面

在拍摄前期，可以根据需要选择合适颜色的服装，如红色、橙色的衣服都可以得到暖色调的效果。同时，拍摄环境及光照对色调也有很大的影响，应注意适当选择和搭配。比如在太阳落山前的 3 个小时中，可以获得不同的暖色光线。

如果是在室内，可以利用红色或者黄色的灯光来设计暖色调。当然，另外，摄影爱好者还可以通过后期软件处理来得到想要的效果。

女孩身上的红袍和手中的红包都透露着浓浓的节日气氛，由于设置了阴天白平衡模式，因此加强了暖调的画面效果，突出了女孩的甜美气质（焦距：100mm ┆ 光圈：F3.2 ┆ 快门速度：1/320s ┆ 感光度：ISO100）

技巧11 利用反光板对人物暗部进行补光

在影棚内拍摄人像时，可以方便地用辅光灯对人物的阴暗面进行补光，那么在室外自然光条件下应该如何拍摄呢？有一种非常简单的方法，就是使用反光板。

反光板是一种物美价廉的摄影辅助器材，几乎是户外人像摄影的必备物品。一般的反光板有4个面，包括黑面、白面、金面和银面，可以根据各自的拍摄要求来选择。如果想要使反射的光线更柔和，可以采用金面；想要更冷一点的反射光线，则可以选择银面。反光板携带十分方便，不但重量非常轻，而且可以折叠，占用的空间非常小。

户外摄影通常以太阳光为主光，但这样拍摄到的人像明暗反差过于明显，如果此时使用反光板对阴暗面进行补光（即起到辅光作用），就可以有效地减小反差。反光板反射的光线较为柔和，在拍摄人像时能取得较好的效果。

当然，在室内拍摄人像时，可以利用反光板来反射窗外的自然光。即便是专业的人像影楼里，通常都会选择数个反光板来起辅助照明的作用。

由于使用了反光板对背光的人物面部进行了补光，因此，均衡了直射光下的强烈光比，得到面部曝光合适的画面效果（焦距：80mm ┆ 光圈：F3.2 ┆ 快门速度：1/800s ┆ 感光度：ISO100）

技巧 12 利用反射光拍摄柔美人像

为了不使光线过于硬朗，可利用反射光进行拍摄。反射光可以通过闪光灯与反光板相结合产生。通常是对着被摄对象旁边白色的墙面进行闪光，光线经过墙面再反射到被摄对象上，可以获得柔和的画面效果，拍摄时还可以在闪光灯上加一个柔光罩，这样就可以增强柔和的效果。

↑ 在室内拍摄人像时，将闪光灯冲向白色天花板，闪光灯的光线经过天花板再反射到人物的面部就显得柔和很多。如此画面中人物的面部很明亮且没有阴影（焦距：100mm ┆ 光圈：F7.1 ┆ 快门速度：1/250s ┆ 感光度：ISO100）

技巧 13

通过对准人脸测光表现精致、细腻的面部肌肤

对于拍摄人像言，皮肤是需要点表现的部分，要表现细腻、光的皮肤，测光是常重要的一项工。准确地说，拍人像时应采用中重点平均测光或测光模式，对人的皮肤进行测光。

如果是在午后强光环境下，建议有阴影的地方进拍摄。如果环境条不允许，可以对皮的高光区域进行测，并对阴影区域行补光。

在室外拍摄时，果光线比较强烈，以人物的皮肤作曝光标准，适当加半挡或2/3挡曝光进行补偿，皮肤获得足够的线而显得光滑、腻。

在室外拍摄时，使用长焦端将人物的面部拉近，使其充满画面后再测光，锁定曝光后再重新构图拍摄，得到肤质细腻的人像画面（焦距：200mm ┆ 光圈：F2.8 ┆ 快门速度：1/200s ┆ 感光度：ISO100）

技巧 14 增加曝光补偿让画面更干净

当画面中有大部分白色景物，或者高光部分较多时，可提高曝光补偿，会拍摄出高调画面，从而让画面更简洁、干净，画面中的人物也会更突出。

被摄画面中白色较多时，应增加曝光补偿，以提亮画面的亮度（焦距：50mm ¦ 光圈：F4 ¦ 快门速度：1/640s ¦ 感光度：ISO200）

技巧 15 水边拍摄人像时避免水面强烈反光

水边拍摄美女，水面在太阳光的照射下容易引起反光，破坏画面的效果，因此要注意使用偏振镜消除或者减弱水面的反光。在没有偏振镜的情况下，则应当调整拍摄角度，选择不反光或反光较弱的位置取景。

使用偏振镜拍摄水边的美女时，应降低拍摄角度，使相机与水面的夹角为30° 左右，由于此时消除水面反光的效果最佳，因此可避免画面中出现大面积的空白，得到色彩丰富的水边人像（焦距：75mm ¦ 光圈：F8 ¦ 快门速度：1/320s ¦ 感光度：ISO8

技巧16 清晨和傍晚的光线更适合拍人像

在户外拍摄人时，由于光线是然光（阳光），能像室内人工照一样自由地摆，因此要根据不的天气及一天当的不同时刻来掌光线。

一天当中，以晨和傍晚的光线佳，因为此时的线较为柔和，温的色调和较长的影能给人以愉悦视觉感受。在清和傍晚时，通常以侧光进行拍，使人像明暗层分明，富有立体。如果背光面过，可以用反光板光。需要注意的，逆光拍摄会导人像一片漆黑，须用闪光灯补光。

由于清晨的光线充足而又不刺眼，因此，拍摄出来的人像画面明亮，很好地表现出女孩的青春活力（焦距：135mm ┆ 光圈：F2.8 ┆ 快门速度：1/400s ┆ 感光度：ISO100）

技巧 17 利用散射光表现人物娇嫩的肤质

散射光的特点是光比较小，光线较柔和，更能表现女性柔滑、娇嫩的肌肤。在拍摄人像时，经常使用各类反光伞、反光板或吸光板，目的就是将光线变为散光。

在室内拍摄人像，可以通过各种反光设备将光线变为散射光；而在室外拍摄，则需要选对天气与拍摄时间才能获得散射光。如果是晴朗天气，应该在上午 10 点或下午 5 点左右进行拍摄，具体时间也要视当地的太阳位置与光线强度而定；如果是一个稍显阴郁的天气，光线经过云层的折射就会形成散射光，全天基本上都适合进行拍摄。如果拍摄的天气与时间都不理想，应该寻找有树荫或其他遮挡物的地方进行拍摄。

散射光下拍摄的人像画面，女孩的脸上没有阴影，皮肤显得细腻、娇嫩（焦距：135mm ┊ 光圈：F2.5 ┊ 快门速度：1/250s ┊ 感光度：ISO100）

技巧18 避免直射光下拍摄人像

午后的阳光非常强烈，如果直接照射到人物身上，很容易形成“死白”的现象，此时可以人物的头顶上方打一块可以透光但不透明的透光板。这样强烈的直射光经过透光板后会变成柔的散射光，从而使拍摄的画面具有柔和的质感。

利用反光板还可以避免人物的光照完全被挡住，而导致画面太暗，与背景严重不协调。

在林间拍摄时，为避免斑驳的光线照在人物脸上破坏美感，将反光板置于人物头上，使光线透过反光板再照到脸上，这样得到的画面效果就会柔和很多（焦距：75mm ¦ 光圈：F5.6 ¦ 快门速度：1/400s ¦ 感光度：ISO400）

日落时分拍摄层次丰富的人像画面

不少摄影爱好者都喜欢在日落时分拍摄人像，但却很少有人能拍摄出十分成功的照片，要是使用闪光灯把人物拍摄得不错，但夕阳及彩霞却没有得到很好的表现；要么是把夕阳、彩霞摄得很美，但人像却出现了剪影效果而一片漆黑。那么应当如何操作才能同时把人像和背景都好地在画面中展现呢？下面介绍一种办法。

在闪光灯关闭的情况下，将镜头对准夕阳旁边的天空测光，然后半按快门锁定曝光，或者开相机上的曝光锁按钮，之后重新构图并开启闪光灯，此时彻底按下快门进行拍摄。由于是按日落时天空的亮度进行曝光的，所以夕阳美景会很好地表现出来；而闪光灯又对人物进行了补光人像也获得了充足的曝光。

逆光拍摄日落时分的人像时为使人物曝光适，可用闪光照亮人物，从得到层次丰富人像画面（焦距 180mm ┆ 光圈 F3.2 ┆ 快门速度 1/320s ┆ 感光度 ISO400）

技巧20 选择阴天拍摄优雅气质的人像

与多云的天气相，阴天时的云彩厚度大，通常是将太阳完遮挡起来，甚至在天中可以看到滚滚的乌。阴天环境中的光比弱，景物的亮面与暗的差别不是很明显，此整体的影调较为均。而且环境色调与雾有些相似，都是偏向青蓝的冷调，此时可在相机中设置“阴天”平衡，以还原得到真的色彩，或者通过手调整色温的方式，精调整画面的色调。

在阴天中，使用恰的曝光拍摄人像或儿，可以很好地表现人皮肤的细腻质感。适的增加 0.7 ~ 1.3 挡曝光，曝光较为正常。

在光照均匀的阴天拍摄时，柔和的画面效果很适合表现女孩的活泼气质（焦距：70mm ┆ 光圈：F2.8 ┆ 快门速度：1/100s ┆ 感光度：ISO500）

技巧 21 利用光晕营造人像画面浪漫气氛

在逆光条件下拍摄，画面中往往会出现高光溢出的眩光现象，影响画面层次和色彩的呈现
但是转换方位，合理安排眩光在画面中出现的位置，也会出现意想不到的效果。当然，要利用
种方法得到唯美的画面效果，并非一定成功，有时也会破坏画面的美感，因此仅作为一种特殊
表现手法，在拍摄时可以尝试使用。

不同于其他拍摄情况，为了得到画面眩光，拍摄时要将镜头前的遮光罩等附件取下。

拍摄时要注意控制曝光量，即拍摄时为了减少眩光对画面的破坏性影响，适宜选择点测光
式对被摄人物的面部皮肤进行测光，以保证主体人物正确曝光。

↑ 金色光晕的纳入不仅渲染了画面的浪漫氛围，也淡化了杂乱的背景，使甜蜜的恋人在画面中更加突出（焦距：90mm ┆ 光
F3.2 ┆ 快门速度：1/200s ┆ 感光度：ISO100）

技巧22 利用大光圈表现迷幻光斑的夜景人像

拍摄夜景时，最忌将被摄者拍得很亮，而背景却一片死黑，画面看起来很呆板，缺少生机。以拍摄夜景人像的最大难点就在于，如何在照亮人物的同时，让背景也亮起来。

使用数码相机的夜间人像场景模式，会自动开启闪光灯，并延长曝光时间，此时最好使用三架以保证稳定。当然，在拍摄时不要离拍摄对象太近，否则闪光打在拍摄对象身上，会显得光非常生硬，可以使用长焦镜头配合较大的光圈进行拍摄。

如果要对拍进行更多的控，最好使用光优先模式，将圈开到最大并近拍摄对象以到前景清晰、景充满漂亮圆的效果。

夜晚使用大光圈摄泳池边的人像照灯光照射的水面化为金黄色的光画面显得很唯美焦距：50mm ¦ 光F2.8 ¦ 快门速1/80s ¦ 感光度：640）

技巧 23 利用窗帘改变窗外光线的通光量

太阳东升西落，早中晚的光线各有不同，表现的效果也不同，在室内拍摄时，也需要考虑到光线的强弱、方向的变化问题。

例如，中午光线最强烈，如果此时在窗边拍摄，很容易造成曝光过度、亮部或暗部缺少细节等问题。这时候可以通过窗帘的打开程度来控制窗外光线的进入量，甚至还可以形成独特的光线效果，增加画面的视觉吸引力。

↑ 利用窗户处照进来的光，形成聚光灯的效果，很好地突出了窗边甜蜜的恋（焦距：45mm ¦ 光圈：F8 ¦ 快门速度：1/320s ¦ 感光度：ISO100）

技巧 24 改变拍摄方向控制窗外光线

窗外光线的方向性是令人挠头的问题，因为我们无法改变窗外光线的方向，所以必须通过改变拍摄角度、控制光线进入的通光量和辅助光源补光的配合使用，来完成窗外光线的拍摄。

例如，引导拍摄对象正面对向窗户，从外面拍摄就会出现顺光，而侧面对向窗户，就会出现侧光，以此类推，想要拍摄逆光效果，可以从室内拍摄，模特背向窗户。但需要考虑室外光源的方向，根据实际情况控制光源的方向。

↑ 拍摄窗边的模特时，由于光照方向是固定的，指引拍摄对象朝向不同的方向可拍出不同效果的画面（焦距：70mm ¦ 光圈：F3.5 ¦ 快门速度：1/200s ¦ 感光度：ISO100）

技巧25 利用窗帘为光线做柔化效果

像柔美的纱帘、细腻的丝绸帘等通光效果
好的窗帘都可以作为“柔光罩”以柔化画面
果。当光线强烈或较强烈时，将窗帘都拉上，
以说是一个天然的柔光罩，柔柔的光线照进
内，不但可以增加画面气氛，还可以使人物
肤更细腻。但是通光量不强的窗帘不适宜用
方法拍摄。

如果拍摄时窗外是比较强烈的光线，可拉上纱质的窗帘使透
来的光线变柔和，得到柔和的画面效果（焦距：70mm ┆ 光圈：
5 ┆ 快门速度：1/200s ┆ 感光度：ISO400）

技巧26 配合辅助光源更好地利用窗光

在光线不充足，或拍摄对象离窗户较远时，
弱的光线下很难拍摄出好的人像作品，这时
需要采取一些弥补光源的措施。首先是反光
，它是最便捷、自然的补光工具，闪光灯也
错，补光效果更强烈。如果没有这些工具，
灯、手电筒也可以，或者将室内的灯全都打
，但要注意，不要使光线太杂，过乱的光线
使模特脸上出现多重阴影，影响画面效果。

↑ 从拍摄对象背面照过来的窗户光，在拍摄对象身上形成好看的轮廓光，也使其与背景分离（焦距：75mm ┆ 光圈：F9 ┆ 快门速度：1/200s ┆ 感光度：ISO100）

技巧 27 眼神光表现方法

在人像摄影中，对眼睛的表现十分重要，而要把眼睛表现好，就要恰当地运用好眼神光。眼神光能使照片中人物的眼睛里产生一个或多个光斑，使人像照片显得更具活力。

在户外拍摄时，天空中的自然光就能在人物的眼睛上形成眼神光。如果是在室内利用人造光源布光，主光通常采用侧逆光位，辅光照射在人脸的正前方，用边缘光打出眼神光。但是用全光往往会冲平脸部的层次。

在光线较暗的户外拍摄时，使用了闪光灯对其面部进行补光，仅提亮了面部，还为其补充了眼神光，使其看起来更有神（焦距：70mm ┆ 光圈：F2.8 ┆ 快门速度：1/250s ┆ 感光度：ISO100）

技巧 28 局域光表现方法

在多云天气的室外下拍摄时，会发现有些时候阳光只照射到某一个区域，这种光称为局域光。当出现这种光线时，要抓紧机会，将拍摄对象放在这个区域内，这样阳光就能为你的拍摄对象打一个集中光，令拍摄对象变得很突出，拍摄出来的画面也更有特点。

拍摄对象的脸部在阳光照射中，而身体其他部位处于阴影处，让观者的视线一下集中到拍摄对象面部，凸显拍摄对象的精致五官和妆容（焦距：50mm ┆ 光圈：F3.2 ┆ 快门速度：1/320s ┆ 感光度：ISO100）

技巧29 利用斑驳的光影拍摄有年代感的照片

在树荫下拍摄，很容易会出现斑驳的树影，一般情况下，我们会避开这些影子，因为如果斑驳的树影正好映在人物的脸上，不但影响画面效果，还会破坏人物形象。

合理利用这些树影则会出现不同的效果，光线透过树枝、树叶在画面上留下斑驳的光点，容易形成非常具有年代感的画面。不仅如此，这些斑驳的树影还可以增强现场感，使画面更和谐、自然。拍摄时只需注意引导拍摄对象脸部避开有树影的地方即可。

此外，为了给画面营造古老沧桑的感觉，还可以通过改变白平衡设置，使画面呈现微微泛黄的暖色调。

身穿旗袍的少女走在石板路上，背景是被斑驳树影渲染的陈旧建筑，昏黄的色调使观者仿佛穿越了时光（焦距：50mm ┆ 光圈：F5.6 ┆ 快门速度：1/320s ┆ 感光度：ISO100）

技巧 30 利用闪光灯缩小直射光线的反差

在强烈的光线下拍摄时，由于光线比较硬朗，会在被摄者的面部留下明显的阴影，拍摄出来的画面也显得很硬朗，不适合表现女性的柔美。为避免这种情况，可使被摄者背对阳光，并利用闪光灯对其面部进行补光，如此可以缩小明暗差距，提亮被摄者的面部，得到柔和效果的画面。

在强光下拍摄时，使用闪光灯对人物面部进行补光，不仅提亮了其面部，也缩小了画面的明暗差距（焦距：135mm ┆ 光圈：F3.2 ┆ 快门速度：1/250s ┆ 感光度：ISO200）

技巧 31 利用闪光灯突出弱光中的人物

在光线较弱的环境中拍摄人像时，虽然可以利用提高感光度的方式来提高快门速度，但过高的感光度会降低画面的质量，这时可利用闪光灯对被摄者进行补光，以提亮画面的亮度，在暗光的环境中得到较高的快门速度。

在光线较暗的环境中拍摄时，使用闪光灯打亮人物，不仅使其在暗调的环境中更加突出，而且提高了快门速度，得到清晰的人像画面（焦距：100mm ┆ 光圈：F7.1 ┆ 快门速度：1/250s ┆ 感光度：ISO100）

技巧32

利用闪光灯提高画面亮度表现白皙的皮肤

在光线较佳的环境中拍摄时，也可以使用闪光灯。在表现女性时，为了使被摄者的面部看起更白，可利用闪光灯进行补光。需要注意的是，由于闪光灯的光线比较硬，可在闪光灯前加柔光罩或是将光线照射到旁边的白色墙壁再折射回来，这样可以得到较柔和的光。

在室内拍摄时由于光线较暗，使用了闪光灯进行补光，不仅使得画面明亮，女孩的皮肤也表现得很白（焦距：125mm ¦ 光圈：F4 ¦ 快门速度：1/160s ¦ 感光度：ISO100）

为了提亮女孩的面部使用了闪光灯，还使其与较暗的背景分离，在画面中很突出（焦距：75mm ¦ 光圈：F7.1 ¦ 快门速度：1/250s ¦ 感光度：ISO100）

技巧 33 利用离机闪光营造不同方向光线

如果外置闪光灯只能安装在相机热靴上，即便灯头可以旋转，但闪光方向依旧有限制，尤
是当周围没有反光介质的时候。而利用离机引闪则可以将闪光灯布置在任何地方，从而在特定
位置进行闪光。

离机引闪需要使用发射器和接收器来实现。将闪光灯安装在接收器热靴上，发射器则安装
机顶热靴上，并连接好引闪线，按下快门拍摄时，外置闪光灯即可正常闪光。也有无线的离机
闪配件，同样是将闪光灯安装在接收器上，相机上则安装的是发射器。

有线离机引闪配件

无线离机引闪配件

通过离机引闪打出左侧 30° 左右光线，从而形成伦勃朗光效（焦距：50mm ┆ 光圈：F9 ┆ 快门速度：1/125s ┆ 感光
ISO100）

技巧34 使用自带配件柔化外置闪光灯

所有外置闪光灯都自带 3 种柔光配件，分别为柔光罩、内置宽面板和内置反射卡。三种柔光件的柔光效果有所区别，按柔光程度排序：内置反射卡 > 内置宽面板 > 柔光罩，在拍摄时可据实际效果进行选择。

柔光罩

内置宽面板和内置反射卡

技巧35 使用柔光罩柔化外置闪光灯

虽说外置闪光灯自带柔光罩，但柔光效果不是很理想，因为发光面积依旧较小。因此使用单独的柔光罩后，可以极大地增加外置光灯的打光范围，其拍摄效果甚至可以与影闪光灯相媲美，人物的光影过渡将十分均，就好像是阴天中的自然光一样自然（图柔光罩）。

需额外购买的柔光罩

技巧36 利用跳闪方式柔化光线

跳闪，通常是指使用外置闪光灯补光时，通过反射的方式将光线投射到拍摄对象身上的一种闪光补光方式。

这种闪光方式常用于室内或有一定遮挡的人像摄影中，同样可以起到柔化光线的效果，从而避免光线太硬导致拍摄对象没有立体感。

跳闪分为横向跳闪和纵向跳闪两种方式。横向跳闪就是让闪光灯对着一旁的墙或者其他浅色光滑而反光能力强的物体，光线经过墙壁再反射到人物身上，由于灯光是斜着打在人物身上，因此用这种跳闪方式拍摄出来的画面背景会比较暗。此外，模特的面部最好略微转向反光的方向，而不要正对着镜头，以免脸上一块亮一块暗。

纵向跳闪就是将闪光灯反着打在背后或天花板上，利用墙壁和天花板将灯光反射向人物和背景，由于闪光灯的光线是从前往后打的，背景也会有足够的自然光线，整体效果很好。在拍摄时要注意，背后的墙和天花板都不能离摄影师过远，否则光线传播距离过长会产生大幅衰减使闪光效果不佳。

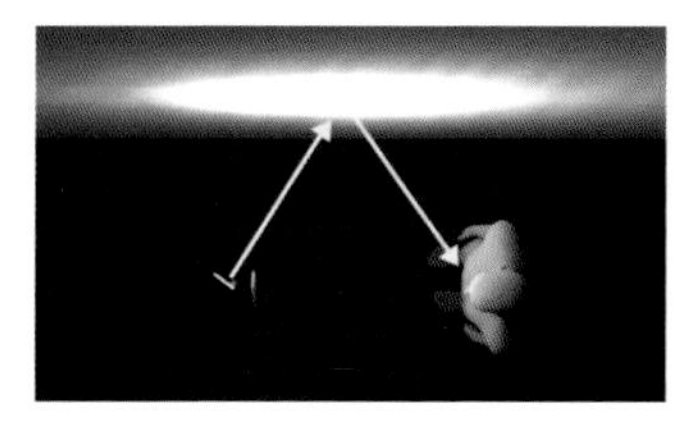

横向跳闪补光示意图

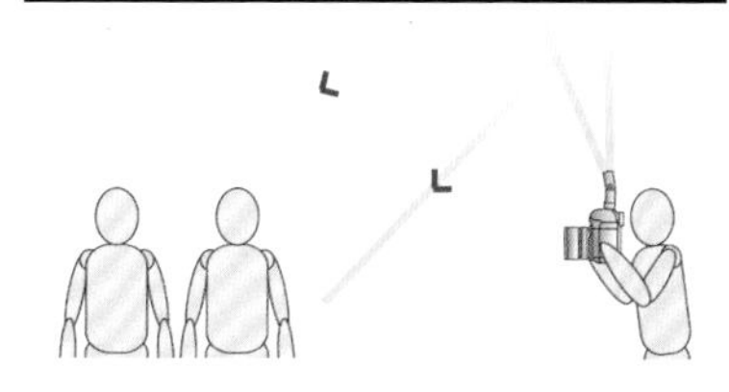

纵向跳闪补光示意图

没有采取从正面直接补光的方式，而是通过将闪光灯照向白色的屋顶，使反射的光线照射在被摄者身上，从而形成柔和、自然的光照效果。为了在眼睛上形成眼神光，使用了反光板（焦距：28mm ┆ 光圈：F4 ┆ 快门速度：1/160s ┆ 感光度：ISO200）

技巧37 利用柔光镜拍摄柔美的人像照片

在拍摄女性人像时，于数码单反相机镜头像较为锐利，会把人物部的斑点、疤痕等缺陷清晰地拍摄出来。然而些是被摄人物不喜欢到的，所以经常要通过期处理来修正。有一种法可以不通过后期处也能拍摄出很好的照，就是使用柔光镜，也柔焦镜。

柔光镜的镜面无色透但不光滑，镜面上有许凹凸不平的小圆点或他不规则图案。用柔光拍摄人像时，可以柔化物脸部的缺陷，同时还以使画面产生一种梦般的美感。

柔光镜的柔化效果和圈、焦距成正比，即光越大、焦距越长，柔化果越强；光圈越小、焦越短，柔化效果越弱。常情况下宜选用中等圈拍摄。此外，在强光使用柔光镜的效果更明显。

使用柔光镜拍摄的画面锐度虽然没有之前那么高，不过柔和的画面可使女孩看起来更加柔美恬静（焦距：200mm ┆ 光圈：F2.8 ┆ 快门速度：1/500s ┆ 感光度：ISO100）

技巧 38 利用脚光减弱画面阴影

由于脚光是从下往上照射的光线，和顶光刚好相反，这样脚光可淡化照射角度较高的光线留下的阴影，减小画面反差，使画面明暗分布均匀。如左图所示，主光是从侧面射光来的光线，会在人的脖子、鼻下、眼袋处留下重重的阴影，脚光的照射使画面中的被摄者脖子、鼻下、眼睛下方并没有阴影，体现了女孩青春靓丽的特点，起到了美化的作用。

利用脚光可以去除人物脖子上的阴影，提亮被摄者（焦距：85mm ┊ 光圈：F8 ┊ 快门速度：1/125s ┊ 感光度：ISO200）

技巧39 利用背景光突出人物

背景光是用于照射背景的光线。背景光的主要作用是突出主体、美化画面。背景光的亮度应主光一致或略高于主光。使用背景光时应注意控制背景光的照射范围，以避免背景光扩散到被主体上影响主光照射的效果。此外，背景光照射效果还应与背景原本的明暗效果保持一致。

提亮了背景的画面看起来很高调，很适合表现少女青春、靓丽的性格特点（焦距：50mm ┆ 光圈：8 ┆ 快门速度：1/250s ┆ 感光度：ISO200）

技巧 40 利用背景光消除影子

背景光除了可以照亮背景，还有消除影子的作用。当主光照射在被摄体上时会在背景上留下深深的影子，这时可以利用背景光来消除背景上的影子，以美化画面。

没有了影子的背景，画面感觉干净（焦距：75mm ┆ 光圈：F13 ┆ 快门速度：1/125s ┆ 感光度：ISO100）

技巧 41 利用修饰光增添细节美

修饰光又叫装饰光，指对被摄体的局部添加的强化塑形光线。常见的修饰光有发型光、眼神光、饰品光。使用修饰光对被摄体局部进行修饰可以增添细节美。使用修饰光时应注意控制其照射范围，避免破坏画面整体的光照效果。拍摄人像时，可以借助修饰光来表现人物的一些细节特点，通过展示细节特点，可以更好地表现人物的性格。

增加了眼神光之后，人物的眼睛变得很传神，画面更富有层次感（焦距：85mm ┆ 光圈：F2.2 ┆ 快门速度：1/125s ┆ 感光度：ISO125）

技巧42 棚拍人像——侧位单灯打硬光

运用侧位单灯并配合遮光罩或蜂巢等，可以打出硬光效果，同时使人物的立体感变得很强。若人物距离背景很近，则还能够投射出明显的阴影。因此，该灯位进行拍摄会营造横向的立体感，或使用较低的照明强度来获得到较神秘的画面效果。

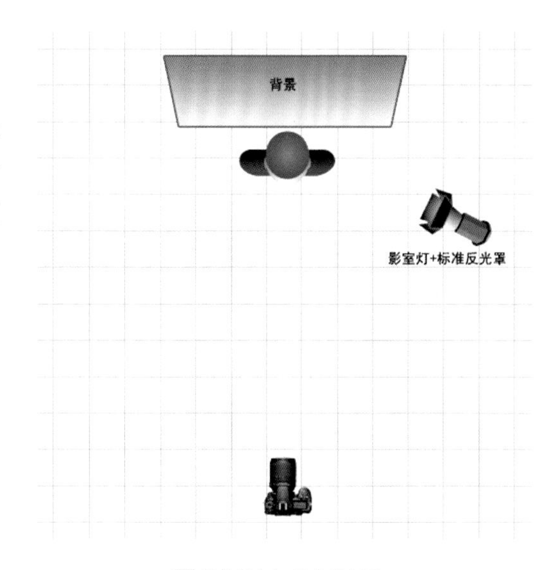

↑ 侧位单灯打硬光示意图

← 侧位单灯打硬光拍摄效果（焦距：85mm ┆ 光圈：F5.6 ┆ 快门速度：1/200s ┆ 感光度：ISO200）

技巧 43 棚拍人像——高位侧灯加反光板

在单灯布光的情况下，很容易产生浓重的阴影，因此，可以在与之相反的角度摆放一个反光板，或者增加一个起辅助作用的影室灯，其光照强度可以降低到主灯的 1/2 或 1/4 左右，从而降低画面的光比，即降低阴影的强度。

为了保证色温的一致性，建议使用银面反光板进行补光。如果只需要少量补光，也可以使用白面的柔光板。

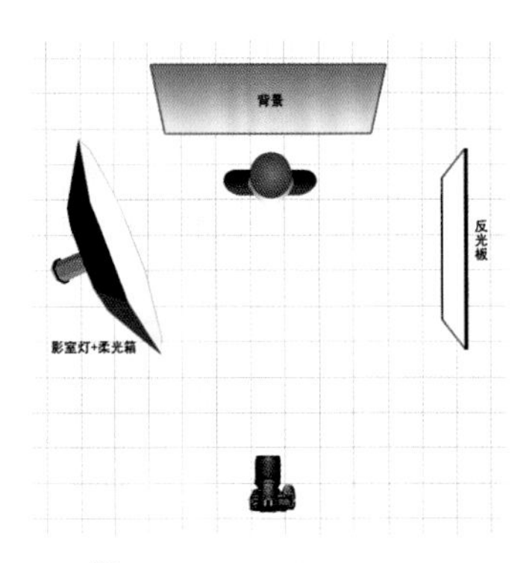

高位侧灯加反光板示意图

高位侧灯加反光板拍摄效果(焦距: 50mm ¦ 光圈: F2.8 ¦ 快门速度: 1/80s ¦ 感光度: ISO400)

技巧44 棚拍人像——双灯加柔光箱打平光

双灯加柔光箱并采用相同的输出光量进行布光，这种布光法拍摄出来的照片不容易产生阴影，柔和的光线使人物皮肤有很好的质感，非常适合拍摄年轻女性。很多影楼在拍摄写真时，经常采用这种布光方式。但用这种布光方式也有弊端，由于没有阴影，虽然人像的皮肤通常要比本人的白一些，但整体画面缺乏立体感。

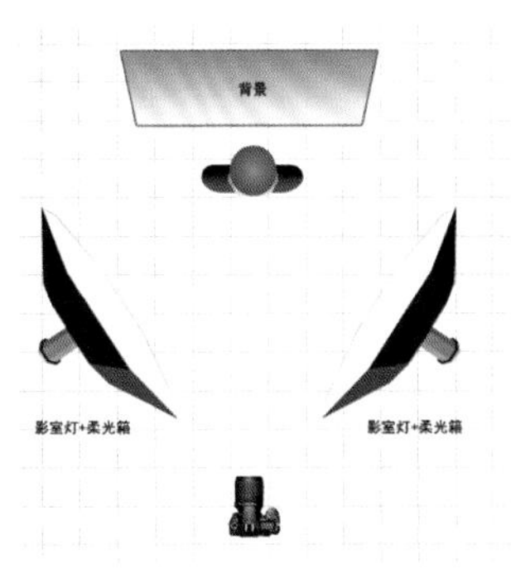

双灯加柔光箱打平光示意图

双灯加柔光箱打平光拍摄效果（焦距：50mm ┊ 光圈：F2.8 ┊ 快门速度：1/100s ┊ 感光度：ISO200）

技巧 45 棚拍人像——主光+辅光+轮廓光

这种布光组合是比较常用的布光方案，其中主光与辅光的位置与上一节讲解的平面布光方法相似，只是在光比的控制上可以适当地调整，比如 1/2、1/4 或 1/8 的光比，都可以得到较好的立体感，而阴影又不是特别重。

此时，轮廓光起到的作用主要是为人物增加局部的光亮效果，其通常位于人物的斜后方，即以侧逆光的方式进行照射。如果是拍摄半身甚至特写人像，将灯具置于人物的身后，以拍摄出逆光方向的轮廓光效果。

轮廓光的照射强度要大于主光， 在拍摄时还要避免让轮廓光直接进入镜头，否则容易使画面产生光晕而降低成像效果。

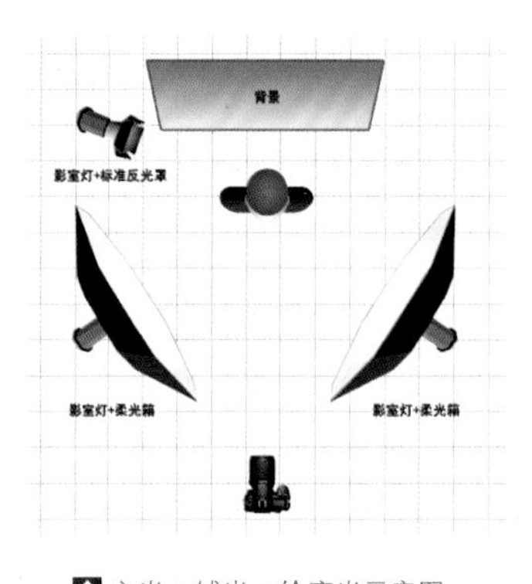

主光 + 辅光 + 轮廓光示意图

主光 + 辅光 + 轮廓光拍摄效果（焦距：135mm ┆ 光圈：F3.2 ┆ 快门速度：1/80s ┆ 感光度：ISO320）

技巧 46

棚拍人像——主光+反光板+背景光

主光 + 反光板 + 背景光布光组合是一种经典的人像影布光方式。这种布光方式但能较好地展现被摄人物，能通过背景光来控制背景的调，以便有效地衬托人物主，营造一种理想的整体画面围。

这种布光方式的主光一采用前侧光，其产生的部阴影可使人像更富有层次，利用辅光来增强阴影部分细节。

背景光主要起渲染气氛、制影调、突出主体的作用。景光的方向要根据想要获得效果来选择。背景光的强度要根据所要表现的效果来调，最好能分别测出亮面与暗的曝光值，再折中进行曝光，样亮面与暗面的层次都会较富。

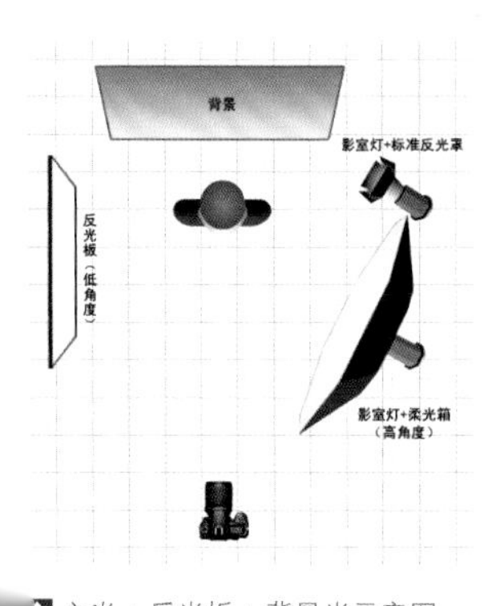

主光 + 反光板 + 背景光示意图

主光+辅光+背景光拍摄效果（焦距：85mm ¦ 光圈：F4 ¦ 快门速度：1/640s ¦ 感光度：ISO200）

技巧 47 棚拍人像——主光+辅光+双背景光

这种布光方法适用于拍摄白色或浅色背景的人像照片，首先是利用主光与辅光照亮人物主体，并根据需要设置适当的光比。在选择辅光的光源类型时，如果要获得较低的光比，建议使用影室灯，或拥有与主光相同光照强度的光源；如果要使人物有一定的立体感，那么使用反光板就足以满足需求，如果是近景或特写拍摄，还可能拍摄到漂亮的眼神光效果。

在布置背景光时，左右各布置一盏灯是为了保证背景（通常是白色）拥有足够的亮度。

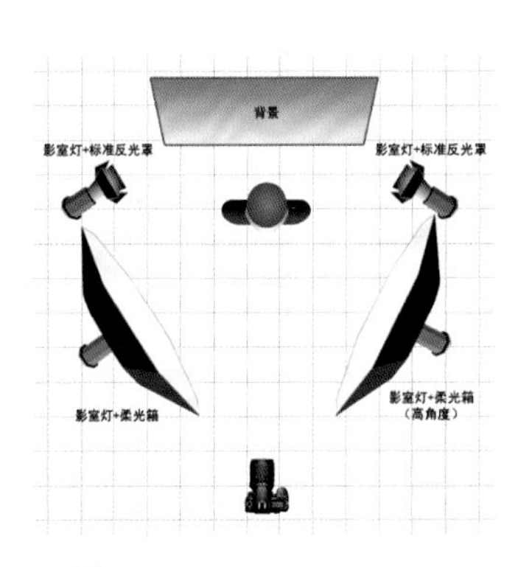

主光 + 辅光 + 双背景光示意图

在这幅照片中，主光与辅光的应用比较常见，而重要的是对于双背景光的运用，以白色墙壁或白布等作为背景，双背景光对其进行照射，最终形成纯白的背景效果，更清晰地衬托出人物主体（焦距：85mm ┆ 光圈：F3.5 ┆ 快门速度：1/200s ┆ 感光度：ISO400）

第 6 章
风光曝光与用光实战技巧 56 招

章扩展学习视频

什么是风光摄影的魔法时刻？

拍摄山景大片的方法

拍摄水景大片的方法

拍摄日出日落大片的方法

山景

技巧 48 侧光突出山脉立体感

拍摄山景的时候，侧光是使用较多的光位，因为通过明暗对比可突出山坚毅的形象，增强画面的层次感和立体感。

侧光拍摄山体，受光面与阴影形成明暗对比，更加凸显其棱角分明的立体感和空间构造感（焦距：28mm ¦ 光圈：F8 ¦ 快门速度：1/500s ¦ 感光度：ISO500）

技巧 49 逆光呈现山体剪影效果

以逆光拍摄山景时，由于光线来自山的背面，所以会形成强烈的明暗对比。此时若以天空为曝光依据，可以将山处理成剪影的形式。要选择比较有形体特点的山，利用云雾或是以天空的彩霞丰富、美化画面。

逆光情况下拍摄连绵不断的山脉，配合缥缈的雾气与其虚实结合，形成层层叠叠的效果，使画面更具形式美感（焦距：200mm ¦ 光圈：F4 ¦ 快门速度：1/1250s ¦ 感光度：ISO100）

技巧50 利用侧逆光表现山体的光线透视感

要想突出山体的轮廓感，可选择侧逆光。由于侧逆光会使山体面向相机的一侧大部分处于阴影之中，只有一小部分受光，使山体形成好看的轮廓光，因此可以突出山峦的空间感和立体感。

在利用侧逆光拍摄时，可增加曝光量以提高画面亮度。

从山体斜射过来的侧逆光线为其披上了金丝般的外衣，为山峦增添了神圣的感觉，也增加了画面的空间感（焦距：135mm ┆ 光圈：F5.6 ┆ 快门速度：1/500s ┆ 感光度：ISO100）

技巧51 利用夕阳时分的侧光使色彩更丰富

夕阳时分的光线色温较低，在照射到山体上后，可以拍出暖色调的山峰。如果利用侧光拍摄，天空会呈现冷色调，形成冷暖对比效果，更加突出山体的形态以及光影美感。

利用夕阳时分独特的色彩拍摄侧光下的山体，使画面既有侧光下呈现的立体感，又有自然、和谐的色彩感，具有极强的冲击力（左：焦距：260mm ┆ 光圈：F10 ┆ 快门速度：1/60s ┆ 感光度：ISO100）（右：焦距：80mm ┆ 光圈：F9 ┆ 快门速度：1/125s ┆ 感光度：ISO100）

技巧 52 在上午或下午拍摄日照银山效果

如果要拍摄日照银山的效果，应该在上午或下午进行拍摄，此时阳光的光线强烈，雪山在阳光的映射下非常耀眼，在画面中呈现银白色的反光。同样，在拍摄时，不能使用相机的自动测光功能，否则拍摄出的雪山将是灰色的。要想还原雪山的银白色，应向正的方向做1~2挡曝光补偿量，这样拍出的照片才能还原银色雪山的本色。

↑ 清晨太阳还未升起时，将白平衡设置为“荧光灯”模式，拍摄的雪山呈现出冷调效果，突出了雪山洁白、神圣的感觉（焦距：55mm ┆ 光圈：F18 ┆ 快门速度：1/100s ┆ 感光度：ISO100）

技巧 53 运用局部光线拍摄山川

局部光线是指在阴云密布的天气中，阳光透过云层的某一处缝隙照射到大地上，形成被照射处较亮、而其他区域均处于较暗淡的阴影中的一种光线，这种光线的形成具有很大的偶然性。

在阳光普照的情况下拍摄山川,画面影调显得比较平淡，而如果在拍摄时碰到了可遇而不可求的局部光线，则应该抓住这一时机，利用局部光线改善画面的影调。

当阳光从天空的云层缝隙中透射出来，只照亮地面的一部分，而其他景物处在阴影中时，环境中的画面会由于云层的移动而产生明暗不定的效果，风光摄影师应抓这一摄影良机。

↑ 傍晚的光线色温较低，在局部光线的照射下，雪山呈现出日照金山的效果，在暗调的画面中显得非常突出（焦距：220mm ┆ 光圈：F16 ┆ 快门速度：1/200s ┆ 感光度：ISO100）

技巧54 在日出时分拍摄日照金山效果

如果要拍摄日照金山效果，应该在日出时分进行拍摄。此时，金色的阳光会将雪山山顶渲染金黄色，但阳光没有照射到的地方还是很暗，如果按相机内置的测光参数进行拍摄，由于画面阴影部分面积较大，相机会将画面拍得比较亮，导致曝光过度，使山头的金色变淡。此时就应按“白加黑减”的原理，减少曝光量，即向负的方向做 0.5 ~1 挡曝光补偿。

夕阳斜射在山顶上，将其也渲染成了暖调的效果，在周围冷调环境的衬托下显得非常醒目（焦距：135mm ┆ 光圈：F8 ┆ 快门速度：40s ┆ 感光度：ISO100）

水景

技巧 55 拍摄波光粼粼的水面

无论是拍摄湖面还是海面，在逆光、微风的情况下，都能够拍摄到波光粼粼的水面（拍摄水面时为确保水平线平衡，可开启相机的取景器网格显示功能）。

如果拍摄时间接近中午，光线较强，色温较高，则粼粼波光的颜色偏向白色；如果拍摄时间是清晨或黄昏，光线较弱，色温较低，则粼粼波光的颜色偏向金黄色。

拍摄这样的美景要注意两点。

其一，是要使用小光圈，从而使粼粼波光在画面中呈现为小小的星芒。

其二，如果波光的面积较小，要进行负向曝光补偿，因为此时场景的大面积为暗色调；如果波光的面积较大，是画面的主体，要进行正向曝光补偿，以减弱反光过高对曝光数值的影响。

↑ 太阳的光线较强，拍摄时减少了曝光补偿，得到的画面中大海的波纹层看起来很细腻（焦距：200mm ┆ 光圈：F5.6 ┆ 快门速度：1/100s ┆ 感光度ISO100）

技巧56 利用晨光拍摄冷调水景

日出时，绚丽的
空非常美丽，这时
太阳很低，你可以
安全地把相机镜头
向它，记录下这美
的时刻。如右图所
，画面整体呈现出
冷的淡蓝色调，非常
合表现“水”的清凉
。而在这样的色调中
透露出丝丝的紫红
，非常迷幻，犹如仙
一般。

测光时对准画面的中灰度，这样拍摄出来的画面就不会曝光过度或不足了（焦距：28mm ┆ 光圈：F10 ┆ 快门速度：1/250s ┆ 感光度：ISO200）

技巧57 利用侧光表现沙滩的质感

侧光会使画面的一
处于受光面，一半处
背光面，由于侧光的
度都较低，所以较容
表现表面凹凸不平的
感。如右图所示，海
的沙滩，在低角度
线的照射下，整幅
面呈现一种暖暖的
调，强烈的明暗对
，把凹凸的自然纹
表现得很明显，形
美丽的画面。

为了不丢失太多暗部细节，可在拍摄时增加曝光补偿，用来提亮画面（焦距：18mm ┆ 光圈：F10 ┆ 快门速度：1/640s ┆ 感光度：ISO200）

技巧 58

晴朗天气拍摄清澈见底的水景效果

静止的水面就像一面镜子，可以如实地反射出天空的影子，所以，单纯使用相机镜头拍摄水面时，都会或多或少地产生反光现象。如果拍摄一些清澈见底的水面，为了将其清凉、透彻的视觉效果完美表现出来，这就需要用到偏振镜（拍摄水面时为了确保水平线平衡，可在取景器中显示电子水准仪）。

通过在镜头前方安装偏振镜，过滤水面反射光线，可以将水面拍得清澈透明，使水面下的石头、水草都清晰可见，这是拍摄溪流和湖景的常见手法，拍摄时必须寻找那种较浅的水域。清澈透明、可见水底的水面效果，很容易给人透彻心扉的清凉感觉，这种拍摄手法不仅能够带给观众触觉感受，还能够丰富画面的构图元素。如果水面和岸边的景物，如山石、树木光比太大无法兼顾，可以分别拍摄以水面和岸边景物为测光对象的两张照片，再通过后期合成处理得到最终所需要的照片，或者采取包围曝光的方法得到3张曝光级数不同的照片，最后合成。

当镜头光轴与水面夹角呈30°时，偏振镜的效果最好，此时最易拍出清澈见底的水景画面，给人一种晴天空气通透的感觉（焦距：18mm ┆ 光圈：F8 ┆ 快门速度：1/400s ┆ 感光度：ISO100）

技巧59 延长曝光时间拍摄丝滑水流

绵延柔美的水流只是一种画面效果，在自然界中是不存在的。若想将水流拍出丝滑般的效果，需要进行较长时间的曝光。为了防止曝光过度，应使用较小的光圈来拍摄，如果画面还是过亮，应考虑在镜头前加装中灰滤镜，这样拍摄出来的水流是雪白的，就像丝绸一般。

为了获得绵延的效果，可以低角度仰拍水流，增加水流的动感，尽可能多地展现水流的轨迹，增加其绵延感。需要注意的是，由于使用的快门速度很慢，因此一定要使用三脚架进行拍摄。

延长曝光时间拍摄出丝滑般的水流，与海面暗调的岩石动静对比（焦距：27mm ┆ 光圈：F11 ┆ 快门速度：7s ┆ 感光度：ISO100）

技巧 60 高速快门抓拍海浪拍打岩石的瞬间

要想完美地展现巨浪翻滚拍打着岩石的精彩画面，在拍摄时要控制好快门速度。高速快门能够抓拍到海浪翻滚的精彩瞬间，而适当地降低快门速度进行拍摄，则能够使溅起的浪花形成完美的虚影，画面极富动感。

采用长焦镜头并设置较高的快门抓拍海浪拍打岩石后汹涌澎湃的景象，特写的图方式使其表现得更生动、气势更强烈（焦距：280mm ┆ 光圈：F9 ┆ 快门速度 1/1250s ┆ 感光度：ISO100）

技巧 61 通过包围曝光拍摄大光比水景

如果水面和岸边的景物（如山石、树木）光比太大，可以分别拍摄以水面和水边景物为测光对象的两张照片，再通过后期合成处理得到最终所需要的照片，或者采取包围曝光的方法得到三张曝光级数不同的照片，最后合成。

通过拍摄曝光过度、曝光正常、曝光不足的三张照片，利用包围曝光的方法，最终获得了非常不错的效果，无论是曝光还是景物都有很好的表现（焦距：24mm ┆ 光圈：F10 ┆ 快门速度：1s ┆ 感光度：ISO100）

日出日落

技巧62 小光圈拍出日出日落星芒效果

使用小光圈拍摄太阳，可得到太阳的星芒效果。光圈小，星芒效果越明显，可表出太阳耀眼的效果，烘托画的气氛，增加画面的感染。但注意不要使用过小的光，否则会由于光线衍射，导画面的画质下降。

拍摄时可以通过调整角度，将太阳安排在景物中间，并将景物处理为剪影状，以暗色的剪影更好地衬托突出太阳的星芒（焦距：35mm ┆ 光圈：F22 ┆ 快门速度：1/800s ┆ 感光度：ISO100）

技巧63 利用剪影使画面简洁、明快

日出日落时分，是拍摄影画面的最佳时机，但在摄时要注意两点：一是尽保持简洁的轮廓，剪影的部最好没有任何细节；二背景纯粹，即剪影以外的域应该是比较纯粹的空白域，以避免景物的剪影轮与背景景物轮廓交织在一，使画面混淆不清。

利用剪影的形式表现弯曲的树枝，不仅给人简洁、明了的感觉，也有利于营造富有形式美感的画面（焦距：105mm ┆ 光圈：F6.3 ┆ 快门速度：1/1250s ┆ 感光度：ISO400）

技巧 64 使用点测光对太阳周围进行测光

拍摄日出与日落时，较难掌握的是曝光控制。日出与日落时，天空和地面的亮度反差较大如果对准太阳进行测光，太阳的层次和色彩虽然会有较好的表现，但会导致云彩、天空和地面的景物曝光不足，呈现一片漆黑的景象；而对准地面景物进行测光，会导致太阳和周围的天空光过度，从而失去色彩和层次。

正确的曝光方法是使用点测光模式，对准太阳附近的天空进行测光，这样不会导致太阳曝过度，并且天空中的云彩也有较好的表现。

使用点测光对太阳附近的天空进行测光，得到天空层次细腻的夕阳画面（焦距：0.3mm ┆ 光圈：F8 ┆ 快门速度：24s ┆ 感光度：ISO

技巧65

随时间的推移调整曝光量

太阳开始下落，光线的亮度将渐下降，很快就要使用慢速快门行拍摄，这时若手托举着长焦镜会很不稳定。因，拍摄时一定要用三脚架。拍摄出时，随着时间推移，需要的曝数值会越来越小;拍摄日落所需要曝光数值会越来大，因此，在拍时应该注意随时整曝光数值。

将岸边的岩石纳入画面当前景，近大远小的透视效果，使画面有较好的纵深感（焦距：18mm ┆ 光圈：F9 ┆ 快门速度：1/160s ┆ 感光度：ISO100）

云雾

技巧 66 利用逆光或侧逆光拍摄雾景

顺光下拍摄薄雾中的景物时，强烈的散射光会使空气的透视效应减弱，景物的影调对比和层次感不强，色调也显得很平淡，景物缺乏视觉趣味。

拍摄雾景最合适的光线是逆光或侧逆光，在这两种光线的照射下，薄雾中除了散射光外，还有部分直射光，雾中的物体虽然呈剪影状态，但这种剪影是受到雾层中的散射光柔化了的，由深浓变得浅淡，由生硬变得柔和。

景物在画面中的距离不同，其形体的大小也呈现出近大远小的透视感，色调同时产生近实远虚、近深远浅的变化，从而在雾的衬托下形成浓淡互衬、虚实相生的画面效果，因此，最好在逆光或者侧光下拍摄雾中的景物，这样整幅画面才会显得生机盎然，韵味横生，富有表现力和艺术感染力。

在夕阳的笼罩下，弥漫着雾气的树林呈现出金黄色的效果，给人一种神秘、悠远的感觉（焦距：200mm ┊ 光圈：F6.3 ┊ 快门速度：1/80s ┊ 感光度：ISO100）

巧用曝光补偿拍摄迷幻的雾景

雾是由空气中凝结在一起的小水滴形成的，在顺光或顶光下，雾气会产生强烈的反射光，容易导致整幅画面苍白、色泽较差且没有质感。而借助逆光、侧逆光或前侧光来拍摄，更能表现画面的透视和层次感，画面中光与影的效果能展现一种更飘逸的意境。逆光或侧逆光还可以使画面远处的景物呈现剪影效果，使画面有空间感。

在选择正确的光线方向后，还要适当调整曝光补偿，因为雾是由许多细小水珠形成的，可以反射大量光线，所以雾景的亮度较大，因此根据白加黑减的曝光补偿规律，通常应该增加 1/3 至 1 挡左右的曝光补偿。

调整曝光补偿时，要考虑所拍摄的场景中雾气的面积，面积越大意味着场景越亮，就越应该增加曝光补偿，面积较少可以不增加曝光补偿。

如果对于曝光补偿的增加多少把握不好，那么还是以“宁可欠曝也不可过曝”的原则进行拍摄。因为欠曝的情况下，可以通过后期处理提亮（会产生一定杂点），但如果是过曝，就很难再显示出其中的细节了。

缥缈的云雾萦绕在叠嶂交错的山峦之间，将其纳入画面以获得虚实相生、虚实对比的意境，同时通过增加 1 挡曝光补偿使得云雾更加亮白、飘逸（焦距：70mm ¦ 光圈：F14 ¦ 快门速度：1/6s ¦ 感光度：ISO100）

技巧 68 拍摄云海中日出日落的震撼效果

云海日出或日落是自然风光摄影难遇、难拍的一景，天边的太阳为拍摄云海提供理想的低角度逆光，逆射的阳光为云海勾勒出漂亮的金色边缘，在万顷金色云波的烘托下，红日冉冉升起或徐徐落下，气势宏伟壮观。

拍摄云海和日出，需要特别注意曝光值的设置。因为太阳的亮度很高，整个场景的光比较强，要使用中灰渐变滤镜。

拍摄时要将滤镜中较暗的部分安排在画面上与天空的位置，以减少天空和云海的曝光值差异。推荐使用ND4 或ND8 渐变滤镜，ND4 能够降低2 挡曝光，ND8 能够降低3 挡曝光。

中灰渐变滤镜的使用，让云海日落景象变得层次丰富、颜色饱满、气势宏大（焦距：60mm ┆ 光圈：F14 ┆ 快门速度：1/320s ┆ 感光度：ISO100）

技巧69 根据云层预估曝光时间

虽然当前使用的数码单反相机都有相对准确的测光设置，能够较准确地测算出曝光数值，但机器的灵活度比人差，因此掌握不同天气下应该使用多长曝光时间的预估技巧，就能够弥补机器在这方面的不足。

虽然当天空中的云彩变化不定时，环境光线也会错综复杂地发生变化，但根据云量仍然可以将天空的光照度归纳为以下四类。

① 蓝天白云、阳光普照的天气，为最亮的天气；

② 薄云遮日、光线柔和的天气，为次明亮的天气；

③ 阴天满空的天气，为较暗的天气；

④ 乌云密布、阴暗欲雨的天气，为最暗的天气。

在上述 4 类光照强度不同的天气拍摄时，要估计曝光可以按各差一个档级预估，例如，在晴朗的天气下曝光，快门速度为 1/125s；在薄云遮日时曝光时间应增加一倍，为 1/60s；阴天又增加一倍，为 1/30s；乌云密布时再增加一倍，用 1/15s。

在拍摄这种较为厚重的云彩时，适当地降低一些曝光补偿，可以让天空及云彩亮度降低，获得更佳的层次感（焦距：28mm ┊ 光圈：0 ┊ 快门速度：1/500s ┊ 感光度：ISO200）

技巧 70 用“一抹光”表现乌云压顶的压迫感

在乌云密布的天气下拍摄，整个被摄景象呈现出较灰暗的低影调视觉效果，经常会出现过于沉闷的画面。为了解决这一问题，可以将天边冲破乌云遮掩的亮色纳入镜头，以增加画面的明度对比，在破除沉闷的同时，使其整体在视觉上更具有跳跃感，光影效果更具有奇幻感，从而引起观者的注意。

几乎不保留地面景物的构图，充满整个画面的乌云显得极具膨胀感，夸张的云造型结合地平线处太阳的亮边，使整幅画面充满了奇幻色彩（焦距：16mm ┆ 光圈 F5.6 ┆ 快门速度：1/3s ┆ 感光度：ISO100）

技巧 71 适当降低曝光补偿表现云彩

在拍摄天空时，适当地降低曝光补偿，可以让天空及云彩亮度降低，从而获得更佳的层次感。如果是在晴天环境下，可以让天空变得更蓝。

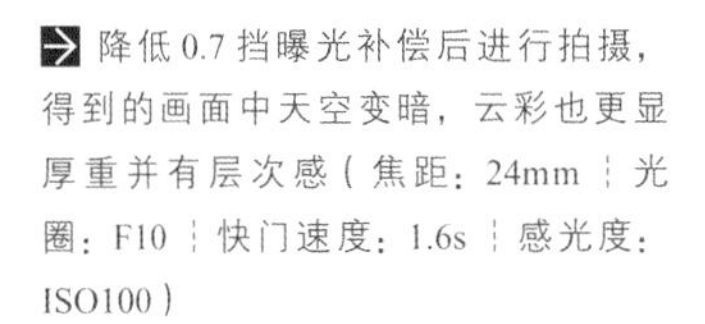

降低 0.7 挡曝光补偿后进行拍摄，得到的画面中天空变暗，云彩也更显厚重并有层次感（焦距：24mm ┆ 光圈：F10 ┆ 快门速度：1.6s ┆ 感光度：ISO100）

技巧 72

偏振镜增加云彩立体感及饱和度

偏振镜最大的作用就是消除画面中的杂光。用偏振镜拍摄云彩，一可以增加云彩的立体感，二可以让画面中的景物色彩更加浓郁。

在使用时，应不断旋转偏振镜的角度，以调整过滤杂光的强度。

使用偏振镜拍摄得到的立体感更好的云彩效果，同时蓝天的色彩及云彩的层次也更加丰富（焦距：24mm ┆ 光圈：F7.1 ┆ 快门速度：1/50s ┆ 感光度：ISO200）

技巧 73

利用逆光塑造云彩的亮边轮廓

逆光时的云彩可以现非常明亮的边缘轮，尤其是在日出、日时，云彩比较厚重，太阳挡住，当太阳欲离云彩时，边缘就可得到极为鲜明的轮廓。拍摄时，可以不考虑阳的曝光，而以云彩为曝光的依据。

逆光下太阳将厚重的云层照亮，不仅勾勒出云彩的轮廓，还增加了画面的感染力（焦距：20mm ┆ 光圈：F7.1 ┆ 快门速度：1/80s ┆ 感光度：ISO200 ）

技巧 74 低速快门拍出云彩的流动感

高空中的云彩都在高速移动，只是由于距离地面的观察者太远，因此观看的流动感不明显。

使用低速快门在保证不会曝光过度的前提下，经过长时间曝光拍摄，可以使画面中的云彩体现出流动的感觉。如果画面中同时出现天空与地面的景物，两者的光比较大，建议在快门优先模式下使用点测光模式针对云彩进行测光，优先保证云彩得到准确的曝光，地面的景物则可以处理成为黑色或暗调的剪影。

采用广角镜头仰视拍摄云彩，并利用低速快门将正在运动中的云彩在画面中以放射状效果呈现，结合地面山景与水景的对称构图，给画面带来了极强的动感与视觉张力（焦距：16mm ┆ 光圈：F22 ┆ 快门速度：30s ┆ 感光度：ISO100）

雪景

技巧75 增加曝光补偿拍摄淡雅的高调照片

若想拍摄高调的照片，雪景是比较理想的拍摄题材。但拍摄时一定要增加曝光量，否则拍出来的照片容易发灰。应该根据“白加黑减”的原则，在正常测光的基础上适当增加1~2挡曝光补偿，这样才能较好地还原白雪的颜色，因此，最好采用M挡手动曝光模式。

拍摄白茫茫的雪景时，通过适当地增加曝光补偿获得高调画面效果（焦距：20mm ¦ 光圈：F16 ¦ 快门速度：1/250s ¦ 感光度：ISO100）

技巧 76 侧逆光表现晶莹的冰雪

拍摄冰雪时，要注意表现冰晶莹剔透的感觉。除降低曝光补偿、缩小光圈外，还要注意光线和背景的选择。通常选择适宜的侧光和侧逆光以较低角度进行拍摄，在这样的光线下，冰晶会显示出晶莹剔透的质感。

↑ 使用小景深表现侧逆光下挂在树枝上的冰雪时，可很好地表现其透明的质感，摄时应选择暗调背景，可使其显得更晶莹（焦距：60mm ┆ 光圈：F20 ┆ 快门速度 1/320s ┆ 感光度：ISO1600）

技巧 77 侧光表现雪地层次

在大雪之后，天地间都是一片白色，为避免在拍摄雪景时出现毫无美感的白茫茫一片，最好选择侧光进行拍摄，利用受光面与背光面的明暗对比突出雪地的层次感，这样画面看起来就不是那么平板的了。

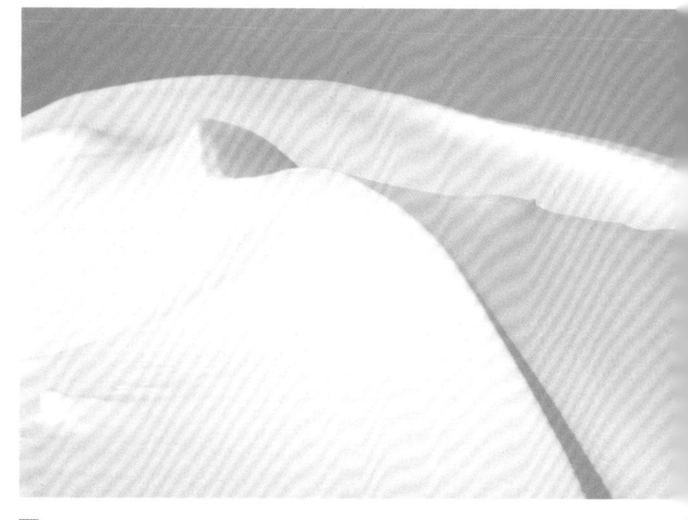

↑ 这是一幅侧光下拍摄的雪地，在柔和的明暗对比下，画面中的雪地看起来腻、柔和且层次丰富（焦距：80mm ┆ 光圈：F7.1 ┆ 快门速度：1/200s ┆ 感光度 ISO100）

技巧78 利用阴影表现雪地的质感

明暗对比可很好地表现被摄体表凹凸的质感。影子可以塑造凹陷的位，受光面则可以展现凸起的部，通过明暗的对比可以突出雪地的伏。

雪地表面的粗糙感可以借助影子特性来表现，在所有的光位中除顺以外的光位都会使画面产生影子，适用于突出质感。

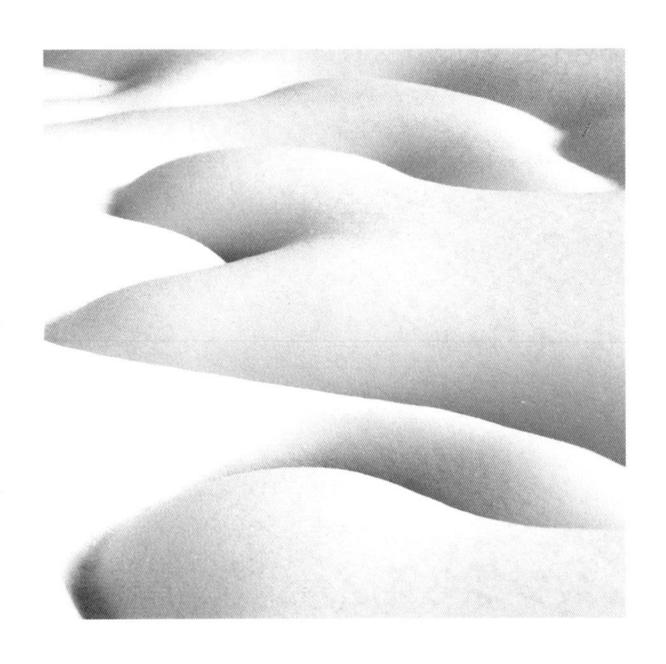

阴影与亮部对比可表现物体的质感，应增加曝补偿，提亮暗部（焦距：52mm ┆ 光圈：F5.6 ┆ 门速度：1/125s ┆ 感光度：ISO100）

技巧79 利用偏振镜表现雪景中的蓝天

表现雪景时，可以利用蓝色的天空托洁白的雪景，也为画面增添色彩。突出蓝天的湛蓝色，除了选择顺光拍，还要利用偏振镜消除杂光、反光，被摄体颜色更鲜艳、浓郁。

使用偏振镜后，画面中的蓝天色彩非常纯净，地在蓝天的衬托下也显得更加洁白（焦距：am ┆ 光圈：F16 ┆ 快门速度：1/250s ┆ 感光度：)100）

技巧80 消除雪地反光的技巧

并不是所有直射光都利于拍摄白雪，顺光观看积雪表面时，会发现积雪非常耀眼，这是因为积雪层表面将大量光反射到了人眼中，所以观看时感觉到积雪的表面反光极强，看上去犹如镜面般白茫茫一片，因此这种光线下拍摄白雪，必然会由于光线减弱雪的表面层次和质感的表现，无法很好地表现积雪。

所以拍摄时，要选择合适的角度，如逆光、侧逆光或侧光下，且太阳的角度又不太大时，雪花的冰晶由于背光无法反射强烈的光线，因此积雪表面才不至于特别耀眼，雪地的晶莹感和立体感才能充分地表现出来。

但逆光或侧光的光位较高，也不利于拍摄积雪景观。只有低位的逆光和侧光，才是拍摄积雪景观的理想光线，此时雪对光的反射角度偏小，光线显得柔和细腻，可使雪的质感增加，能充分表现雪的层次和细部，此时雪地上的景物常常拖着长长的投影，也可以丰富雪地的光影效果。

这种低角度的逆光或侧光，通常出现在上午10时前和下午4时后，此时阳光的色温较低，还能给雪地染上一层淡淡的暖色调，使拍摄获得良好的效果。

此外，还可以利用偏振镜消除偏振光，从而突出雪地的质感。

使用偏振镜消除雪地反光后，拍摄出来的雪景画面层次细腻，白雪粗糙的质感也表现得很好（焦距：27mm ┆ 光圈：F11 ┆ 快门速度：1/500s ┆ 感光度：ISO100）

技巧81 利用日出前的光线拍摄蓝调雪景

在拍摄蓝调雪景时，画面背景色的佳选择莫过于蓝色，因为蓝色与白色明暗反差较大，因此当用蓝色映衬白时，白色会显得更白，这也是为什么多城市的路牌都使用的原因。

拍摄的时间应选择日出前或偏下午分，日出前的光线仍然偏冷，因此可拍摄出蓝调的白雪，偏下午时分的光相对透明，此时可以通过将白平衡设为色温较低的类型，来获得色调偏冷雪景。

为了使蓝色看上去更加纯粹、透彻，摄时应该使用偏振镜。

拍摄雪景时，将天空也纳入画面中，衬托得雪原更加洁白，画面看起来非常干净、明亮（焦距：20mm ¦ 光圈：F11 ¦ 快门速度：1/125s ¦ 感光度：ISO100）

技巧82 利用日落逆光拍摄金色雪原

在日出日落前后逆光的情况下，拍摄冰凌或雾凇的丛林，可以很容易地拍出有辉煌金色的林海雪原。这样的画面比色的雪景更加耀眼、明亮，色调也更加和、纯粹。

拍摄时要注意太阳的位置既不能太，也不能太低，应该比画面主体稍高° 左右。太阳位置太高，无法形成有逆光而偏于顶光，太阳位置太低则构时无法通过太阳的光晕为画面染色，且树上的冰凌或雾凇无法很好地反射线，使其看上去有透明感。

夕阳将雪原渲染成了金黄色，与背阴处的蓝调形成冷暖对比效果，丰富了画面的色彩和层次（焦距：24mm ¦ 光圈：F5.6 ¦ 快门速度：1/20s ¦ 感光度：ISO100）

技巧 83 日落后拍出神秘幽静的紫色雪景

当太阳落山后，天空中残余的蓝色会迅速改变为紫色，此时在天空的映衬下，雪地也会由红色转变为蓝紫色。随着时间的推移，天空中的紫色会越来越深，最终转变为黑色，这一系列色彩转变时间短暂，因此，摄影师拍摄时要以“先拍到，后拍好”为原则。

如果要拍摄出有紫红色调的雪景，最好应在太阳落山后，也能够通过余光照射到的雪山为拍摄对象。如果要拍摄出有蓝紫色调的雪景，应该选择背阴处，那里的雪景在色调方面看上去更蓝一些。

↑ 夕阳为冷调的雪山抹上了一层淡淡的紫色，为了增加画面的色彩饱和度，减少了曝光补偿，得到的蓝紫调雪山画面看起来很梦幻（焦距：35mm ┆ 光圈：F13 ┆ 快门速度：1/160s ┆ 感光度：ISO400）

技巧 84

利用散射光拍摄高调雪景

高调雪景大多明亮、干净。为避免画面出现阴影，画面的光照应均匀，这样就不会有阴影破坏洁白画面的感觉了。拍摄时应多采用柔光，比如阴天时的光线，并选择阴影少的拍摄角度，可使画面整体效果柔和、明亮。

拍摄高调照片时，画面中尽量不要有阴影（焦距：24mm ┆ 光圈：F10 ┆ 快门速度：1/200s ┆ 感光度：ISO100）

夜景

技巧 85 选择黄金时段拍摄城市夜景

拍摄夜景的最佳时段是日落前 5 分钟到日落后 30 分钟，此时天空的颜色随着时间的推移断发生变化，其色彩可能按黄、橙、红、紫、蓝、黑的顺序变化，在这段时间里拍摄城市的夜能够得到漂亮的背景色，因此该时段也被称为“黄金时段”。

在这段时间内，天空的光线仍然能够勾勒出建筑物的轮廓，因此，画面上不仅会呈现星星点璀璨城市灯火，还有若隐若现的城市建筑轮廓，会增强画面的形式美感。

如果天空中还有晚霞，则画面会更加丰富多彩，漂亮的天空色、绚烂的晚霞和璀璨的城市光能共同渲染出最美丽的城市夜色。

↑ 在日落前夕拍摄的画面，在淡紫色的天空笼罩下，繁华的都市显得特别安宁（焦距：30mm ┆ 光圈：F10 ┆ 快门速度：1/50s 感光度：ISO100）

技巧86

慢门表现流光飞舞的车流光轨

在城市的夜晚，灯光是主要光源，各式各样的灯光可以顷刻间将城市变得绚烂多彩。疾驰而过的汽车留下的尾灯痕迹，显示出都市的节奏和活力。根据不同的快门速度，可以将车灯表现出不同的效果。长达几秒、甚至几十秒的曝光时间，能够使流动的车灯形成一条长长的轨迹。稳定的三脚架是夜景拍摄时重要的附件之一。为了避免按动快门时的抖动，可以使用两秒自拍或者快门线来触发快门。

对于拍摄地点的选择，除了在地面上外，还可找寻找如天桥、高楼等地方以高角度进行拍摄。天桥虽然是一个很好的拍摄地点，但是拍摄过程经常会受到车流和行人所引起的振动的影响。如果使用的三脚架不够结实，可以在支架中心坠一些重的东西（如石头或沙袋等），或在三脚架的脚处压些石头或用帐篷钉固定支脚。

在摄影包里装一些橡皮筋，在曝光过程中将相机背带和快门线绑到三脚架上，以免它们飘荡空中，遮挡镜头。

光圈的变换使用也是夜景摄影中常用的技法。大光圈可以使景深变小，使画面显得更紧凑，能产生朦胧的效果，增强环境的气氛；小光圈可以使灯光星芒化。

利用三脚架平视拍摄的车灯轨迹好似擦身而过一样，使画面看起来很有动感（焦距：24mm ┊ 光圈：F16 ┊ 快门速度：20s ┊ 感光度：ISO100）

技巧 87 小光圈表现点点灯光

白天和夜晚的光线条件差距相当大，一些白天看起来单一的场景，夜幕降临后会给
一种与众不同的感觉。现代建筑，利用先进的照明设备和五彩斑斓的灯光效果，使其成
夜色摄影中的一大亮点。可利用缩小光圈的方式，将夜晚的灯光表现成星芒状，拍摄梦
的夜景。

星芒的出现因素有两个：一个是光源一定是强点光源，或者是近似点光源；另一个是相机
圈结构，如果利用小光圈产生光芒，应该选用偶数光圈叶片的镜头。圆形叶片的优点是遇到圆
光点的散景会较圆润，这也是大多数人追求的优美散景，也就是所谓的“人像镜”必备的条件
但是圆形叶片散景圆润，却不利于制造星芒。

由于夜景摄影本就属于弱光拍摄，若拍摄时使用小光圈就会使曝光时间更长，因此，拍摄
要借助三脚架的支撑，可长时间拍摄，同时保证画面清晰。除此之外，还可以搭配使用不同的
光镜，从而轻松获得更多不同样式的星芒效果。

俯视角度并缩小光圈后拍摄的大桥上的路灯，呈现出星芒状效果，仿佛海上明珠一般（焦距：27mm ┆ 光圈：F16 ┆ 快门速
20s ┆ 感光度：ISO100）

技巧 88

利用低速快门保证足够的进光量

影响曝光的主要因素有快门速度、光圈、感光度。夜晚光线较弱，为使画面获得足够的进光量，并保证画面的影调层次，一般都会使用较慢的快门速度，这是因为大光圈会使画面光线较散，且画面容易模糊，而高感光度则会使画面出现较多噪点。

但需注意的是，较长时间的曝光也会出现噪点，建议启用长时间曝光噪点消减功能，可以在很大程度上降低画面中的噪点。

距：17mm ┆ 光圈：F13 ┆ 快门速度：250s ┆ 感光度：ISO400

焦距：17mm ┆ 光圈：F13 ┆ 快门速度：180s ┆ 感光度：ISO400

距：17mm ┆ 光圈：F13 ┆ 快门速度：100s ┆ 感光度：ISO400

焦距：17mm ┆ 光圈：F13 ┆ 快门速度：50s ┆ 感光度：ISO400

夜晚光线不充足，由上面的对比图可以看出，快门速度越慢，画面进光量越多，画面越亮；随着快门速度增加，画面进光量减少，画面变暗，甚至曝光不足。因此，拍摄夜景时，需要较低的快门速度才可以获得正常曝光。

拍摄蓝调天空的夜景

要想捕捉到典型的夜景气氛，不一定要等到天空完全黑下来才去拍摄，因为照相机对夜色的辨识能力比不上我们的眼睛。在太阳落山时，路灯也开始点亮了，此时是拍摄夜景的最佳时机。城市的建筑物在路灯等其他人造光线的照射下，显得非常美丽。而此时有意识地让相机曝光不足，能产生非常漂亮的呈蓝调色彩的夜景。

不过，要拍深蓝色调的夜空和天气也有关系。最好选择一个雨过天晴的夜晚，天空的能见度好、透明度高，在天将黑未黑的时候拍摄效果会十分理想，天空中会出现醉人的蓝调色彩。建议在拍摄蓝调夜景之前到达拍摄地点，做好一切准备工作后，慢慢等待最佳拍摄时机的到来。

选择在天空没有完全变黑时拍摄夜景，得到蓝色的天空与水面，从而将夜景衬托得更加绚丽，黄色的灯光与蓝色的天空和水形成强烈的冷暖对比，使画面更具美感（焦距：24mm ┆ 光圈：F9 ┆ 快门速度：125s ┆ 感光度：ISO100）

技巧 90

拍摄奇幻的放射状夜景

拍摄奇幻的放射状夜景适宜使用大倍率的变焦镜头，这是因为在拍摄放射状夜景效果时，镜头的焦段范围越广，放射效果越明显。在拍摄时，需要在按下快门进行变焦时，保证对焦点没有移动位置，以避免对焦点脱焦，因此需要配合使用三脚架。

拍摄时，可将拍摄模式设置为快门优先，根据实际需要设置快门时间，在镜头的长焦段半按快门，针对被摄体进行对焦，伴随着按下快门的瞬间，转动镜头筒将镜头长焦端转变为广角端或从广角端转为长焦端。值得注意的是，在转动镜头时，要预算好快门时间，尽量保证快门速度与转动镜头的速度相等，以避免重复转动镜头，或者还在转动镜头快门却已停止的问题。

另外，快门速度和变焦速度也会影响放射效果，可多次结合变焦速度来调整快门速度，以得到满意的效果。

急速的变焦拍摄，使画面中的点光变化成强烈的放射线，如同中心爆破一般，画面极具视觉冲击感（焦距：45mm ┆ 光圈：3 ┆ 快门速度：10s ┆ 感光度：ISO100）

使用大光圈展现迷幻的城市光点

夜晚的城市灯光璀璨，在拍摄时，可以采用手动对焦的方式，并配合大光圈使背景中的闪亮物体或光线，由于失焦变成模糊的光斑，从而将夜晚城市中的点点灯光拍摄成为五彩的光斑、光点。

根据画面的主体是否清晰，这种技法又可以细分为以下两种。

第一种，主体清晰，背景是漂亮的光斑。拍摄时先将光圈设置为最大值，再靠近主体用手动对焦的方式对被拍摄主体对焦，拍摄题材可以是街道旁的栏杆、商店前的圣诞树、正在下雨的玻璃窗、汽车的后视镜等，但要注意背景中要存在大量漂亮的灯光。此时，由于距离主体较近，而且光圈很大，被摄主体会被拍照得很清楚，但背景中的灯光、发亮装饰品则成了画面光斑。

第二种，画面中没有主体，主要表现漂亮的光斑。即在不确定被摄主体的情况下，以手动对焦的方式拍摄发亮的灯光或装饰品，以故意失焦的方法拍摄出梦幻的光点效果。

采用手动对焦调整至失焦状态，结合大光圈的使用，使画面中的城市及灯光被虚化成梦幻的圆点，勾勒了建筑轮廓及灯光，人以童话之城的感觉（焦距：24mm ┆ 光圈：F3.2 ┆ 快门速度：1/200s ┆ 感光度：ISO640）

利用双重曝光拍摄皓月当空

无论是使用长焦镜头拍摄大大的月亮，表现月亮里梦幻的纹理，还是使用广角镜头，将月亮融入大环境中，表现朦胧夜色，都会给人带来强烈的视觉吸引力，因此，夜色月景是很多摄影爱好者喜爱的。

当然，想要更好地表现月亮，建议采用多重曝光的方法进行拍摄。即第一次使用广角镜头拍摄，先按画面环境中景物的受光情况控制曝光量，获得地面景物曝光正常的照片，但在构图时，需在画面中预留出月亮的位置。在第二次曝光时，可以调整镜头的焦距，使用长焦镜头拍摄较大的月亮，并以月亮的亮度来曝光，拍摄时快门速度不应太慢，较慢的快门速度会导致月亮出现移动效果，或月亮曝光过度，没有细节。最后可以通过相机“多重曝光”功能或后期处理的方法，将两张照片合成为一张无论是月亮还是地面景物都有不错表现的画面。

在第二次拍摄月亮时，要注意与第一次拍摄时地面景物的比例，月亮太小会失去多重曝光的意义，而月亮太大，又会使画面不够自然，因此，月亮的大小完全取决于地面景物以及第一次拍摄时为月亮留出的空间。

在天色未暗时拍摄地面上的景物，使其呈现较好的光感及立体感效果，构图时，特意将前景置于画面右侧，在天空左上角为月亮留出空间，待月亮出现后，再使用长焦镜头拍摄月亮的特写，最后将两张照片合成，月亮与前景山丘形成呼应，使画面更平衡、自然（焦距：24mm ┆ 光圈：F3.2 ┆ 快门速度：1/200s ┆ 感光度：ISO640）

技巧93 利用蓝色天空衬托出黄色月亮

夜间拍摄时只要稍微用点技巧，相机就可以拍摄出肉眼看不到的很多影像与效果。晚上的月光会使得景物显得很不真实，充满神秘感，但如果利用全黑的天空去衬托，画面会显得单调。而在日落后15~25分钟的“蓝色时刻”拍摄，则可以拍出蓝色天空，正好与黄色的月亮形成对比色，画面会更具吸引力。

月亮是很高的，拍摄时应缩小光圈，放慢时间进行拍摄（焦距：300mm ┆ 光圈：F5.6 ┆ 快门速度：1/100s ┆ 感光度：ISO400

技巧
94

星野摄影的“500法则”

由于地球自转，夜空的星星也在不停地改变位置，所以如果拍摄夜空时快门速度低，星星就会在照片中由点变成线，从而变成为星轨，虽然效果不错，但在拍摄银河时，我们还是希望尽量减少星轨，所以不能使用太长的曝光时间。

对于快门速度的设置规则，经过许多摄影师验证，发现了一个规律，俗称“500规则”，即在使用全画幅相机拍摄时，用500除以拍摄时所使用的焦距，即可得到不出现星轨线条的极限曝光时间。

比如，用24mm焦距拍摄时，用500除以24，约等于20.8，取其近似值，快门速度最长可以设定为21s，低于这个曝光时间就可以避免照片中出现星轨线条。

如果使用的不是全画幅相机，还需要进行等效焦距换算，例如，使用尼康D7200拍摄时，所使用的仍然是24mm焦距，则其等效焦距实际是24×1.5=36mm，那么500除以36，约等于13.89，取其近似值，快门速度最高可以设定为14s。

使用手动对焦，并将对焦环调整至无穷远即可拍摄到清晰的星空图片（焦距：28mm ┊ 光圈：F16 ┊ 快门速度：25s ┊ 感光度：ISO1000）

技巧 95 慢门拍摄星光轨迹

拍摄星轨通常可以用两种方法。一种是通过长时间曝光前期拍摄，即拍摄时使用 B 门模式，通常要曝光半小时甚至几个小时。

第二种方法是使用间隔拍摄（需要使用具有定时功能的快门线），使相机在长达几小时内，每隔 1 秒或几秒拍摄一张照片，建议拍摄 120~180 张，时间 60~90 分钟。完成拍摄后，利用 Photoshop 中的堆栈技术，将这些照片合成为一张星轨迹照片。

不管使用哪一种方法拍摄星轨，设置参数都可以遵循下面的原则。

① 尽量使用大光圈。这样可以吸收更多光线，让更暗的星星也能呈现出来，以保证得到较清晰的星光轨迹。

② 感光度适当高点。可以根据相机的高感表现设置为ISO400~ISO3200，这样便能吸收更多光线，让肉眼看不到的星星也能被拍下来，但感光度数值最好不要超过相机最高感光度的一半，否则噪点会很多。

如果使用间隔拍摄的方法拍摄星轨，对于快门速度应在 8s 以内。

通过多张叠加合成得到的个性化的星轨照片（焦距：20mm ┆ 光圈：F5.6 ┆ 快门速度：1231s ┆ 感光度：ISO800）

热门景色

技巧96 逆光、侧逆光表现草原的线条美

有些草原是起伏不定的丘陵地形，可以呈现具有线条感的形式美。要拍摄好这种地形的照，关键在于把握好用光和构图。

在光线方面，应该利用侧光、逆光或侧逆光，将线条优美的山丘轮廓勾画出来，为画面增加间感和层次感。构图时应该注意山丘轮廓的线条感觉，线条在画面中宜精不宜繁，每一根线都应该有其明显的方向与起止位置，不能使画面上看起来交错、重叠。

曝光时可以用较小的光圈，以产生较大的景深，并对着山丘的高光部位测光，以加大光比，起伏的草原明暗对比强烈，增加其魅力。

在侧光、逆光照射下，使用长焦镜头拍摄草原中较小的场景，提炼出抽象、简练的草原线条，在画面中极具纯粹美、形式美（焦180mm ┆ 光圈：F8 ┆ 快门速度：1/200s ┆ 感光度：ISO200）

技巧 97 利用渐变镜拍摄蓝天白云下的草原

可以选择云彩较多的时候拍摄草原，利用蓝天云彩来丰富画面。由于地面与天空的明暗反差较大，故拍摄时应在镜头前安装渐变镜，将较暗的一端覆盖在画面的上方，以降低天空的亮度，缩小天空与地面的反差。

使用广角镜头小光圈拍摄，将蓝天白云加入画面，不仅可凸显出草原的辽阔，且清新的色调使画面有一种明信片的感觉（焦距：35mm ¦ 光圈：F25 ¦ 快门速度 1/500s ¦ 感光度：ISO100）

技巧 98 黄金时段拍摄唯美梯田

日出与日落是两个拍摄梯田的黄金时间，此时太阳为斜向照射的角度，色温较低，梯田的受光面色彩偏暖，背光面的色彩偏冷，冷暖对比明显、色彩丰富。

如果拍摄时，梯田已经被灌溉，梯田的表面会反射出天空的色彩、云朵等，拍摄时变换不同的角度观察梯田，以表现梯田在天空光线、云朵等映射下的漂亮色彩。

此时光线较弱，必须使用三脚架以便于在长时间曝光时持相机稳定。另外，建议做0.7 挡左右的负向曝光补偿，以画面色彩更饱和，画面色调更稳重。

画面中的梯田大部分都处在阴暗中，只有小部分梯田受到光线照射，呈现出部区域的明暗光影变化，大面积的高色温环境与黄色的梯田线条形成色彩对比，画面更具视觉冲击力（焦距：85mm ¦ 光圈：F7.1 ¦ 快门速度：1/250s ¦ 感光度：ISO500）

技巧99 运用光线凸显沙漠线条

广袤无垠的沙漠，每次在风沙过后，就会呈现不同走向的纹理，可以结合光位、构图等要点行拍摄，以获得极具变化、韵律感的沙漠线条。

侧光、逆光和侧逆光是表现沙漠最好的光线，因为这种光线能够勾勒出沙漠中沙丘的线条，画面更富线条感。拍摄时可使用明暗对比的手法，截取沙漠中的斜线、折线、曲线等线条作表现重点，以突出沙漠特有的起伏韵律，使画面更富有层次。

利用广角镜头结合小光圈的使用拍摄沙漠，将沙漠起伏跌宕的曲线美展现出来，使画面更具空间感（焦距：20mm ┆ 光圈：┆ 快门速度：1/320s ┆ 感光度：ISO100）

技巧100 利用逆光拍摄沙漠剪影

沙漠往往比较空旷，因此非常适合拍摄简洁、干净，表现轮廓或者线条美的画面。而剪影又可以将主体的细节掩盖，让画面更为简洁，从而突出一种极致的形式美感。

选择逆光位置，对准画面亮部进行点测光，然后锁定曝光，对焦主体进行拍摄。为了让画面更具美感，尽量选择背景简洁、主体轮廓清晰的场景拍摄。

逆光下沙漠线条更加凸显，将行走在沙漠上骑着骆驼的人纳入画面，丰富了画面容，增加了画面特色，同时强烈的轮廓线条使画面更具形式美感（焦距：135mm ┆ 光圈：F7.1 ┆ 快门速度：1/250s ┆ 感光度：ISO100）

技巧101 拍摄低调画面表现沙漠的神秘感

低调画面是指整个画面以黑色或深色为主，只有少许亮调，整体给人以深沉、神秘、含蓄的感觉。可以在太阳马上落山时，采用逆光或者侧逆光，降低曝光补偿进行拍摄。此时的沙漠既有层次感，又能展现出沉重、神秘的低调效果。

为压低画面的亮度，可减少曝光补偿（焦距：10mm ┆ 光圈：F13 ┆ 快门速度：1/100s ┆ 感光度：ISO200）

技巧102 利用低角度光线表现小镇的静谧感

日出之前和日落之后是一段很神奇的时间，这时柔和的光线和色彩能产生宁静、安逸的感受，很适合营造独特的画面气氛。在无云的日子里，色彩从黄色到紫红色都有。在湖、河、海滩等地方拍摄时，天空的颜色会被水面反射到照片的前景部分。在这样的时候及地方拍摄乡村小镇，可以很好地突出小镇静谧的气氛。

▲清晨被朝阳唤醒的凤凰小镇，将薄雾纳入画面可以营造不一样的画面气氛，凸显具有生活气息的小镇，为画面增添了活力，增加了画面的梦幻效果（焦距：35mm ┆ 光圈：F8 ┆ 快门速度：1/320s ┆ 感光度：ISO100）

技巧103 降低曝光补偿让彩虹色彩更浓郁

彩虹是由于雨后空气中大量水汽使阳光发生折射，将光谱中的各种色彩以圆弧形展现出来的自然现象，其实是一种光的色散现象。彩虹一般会很快消失，因此需要抓紧拍摄时间。

拍摄彩虹最好使用广角镜头，这样可以将彩虹完整地拍摄下来，考虑到构图的需要，也可以选取彩虹的一部分。为了将彩虹的颜色拍得更鲜艳，可以在相机测光数值的基础上减少0.7~1.挡曝光量。

拍摄时应该在画面中安排一些地面景物，例如，拍摄河湖上空的彩虹、长桥上空的彩虹、森林草原上空的彩虹，这样的照片更有情趣。

利用长焦镜头拍摄与地面相接的一段彩虹，放大的彩虹显得更加壮观，色彩清晰可见，地面上的局域光增加了画面层次感，画面更加生动（焦距：35mm ┆ 光圈：F8 ┆ 快门速度：1/320s ┆ 感光度：ISO100）

第7章
建筑曝光与用光实战技巧14招

章扩展学习视频

拍出建筑韵律美感的方法

拍出极简风格建筑大片的方法

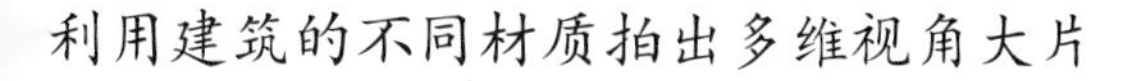
利用建筑的不同材质拍出多维视角大片

技巧 104 利用前侧光突出建筑层次感

利用前侧光拍摄建筑时，由于光线的原因，画面中会产生阴影或者投影，呈现出明显的明暗对比，有利于体现建筑的立体感与空间感。在这种光线下拍摄，可以使画面产生比较完美的艺术效果，拍摄者可以利用更多的空间来实现各种创作意图。

用侧光拍摄建筑时，为了不丢失亮部细节，常常对亮部进行点测光，这样会进一步降低暗部区域的亮度，此时需要注意光比的控制和细节记录。

前侧光角度拍摄的建筑不仅画面明亮，还可以很好地表现其结构特点（焦距：30mm ┆ 光圈：F13 ┆ 快门速度：1/800s ┆ 感光度：ISO200）

技巧105 利用逆光拍摄建筑剪影

无论是现代还是古代的标志建筑，大都拥有漂亮的外部造型，白天观赏能够看到其外部精美的细节，而黄昏则能够看到其优美的轮廓线条。

如果在傍晚拍摄建筑，建议选取逆光角度，即可拍摄到漂亮的建筑剪影效果。在拍摄时，只需针对天空中的亮处进行测光，建筑就会由于曝光不足，呈现出黑色的剪影效果。如果按此方法得到的是半剪影效果，可以通过降低曝光补偿使暗处更暗，让建筑的轮廓外形更明显。拍摄时切记不要使画面中只有建筑物廓线条，应该将天空中微微显露的月亮、周围的树或人等景物安排在画面中。

如果在拍摄时遇到结构复杂多样的建筑，拍摄者可以选用逆光剪影的形式来表现它们的结构形态。另外，逆光剪影还可以用来表现标志性建筑，如悉尼大剧院、中国古建筑和泰姬陵等既有名气又有特点的建筑。

逆光表现建筑时，对准太阳附近的中灰部测光，即可得到漂亮的剪影效果（焦距：45mm ¦ 光圈：F10 ¦ 快门速度：1/1250s ¦ 感光度：ISO100）

技巧 106 降低曝光补偿表现建筑的年代感

久远的建筑常常承载着很多风霜和故事，也是摄影爱好者喜欢表现的题材之一。在拍摄比较久远的建筑时，为了突出历史的沧桑感，可利用侧光，形成的明暗对比易于表现建筑历经风霜后的粗糙质感，还可呈现出其洗尽铅华后的独特细节，而曝光过度或曝光不足都会使拍摄的古代建筑失去悠远的质感。

→ 夕阳时分拍摄建筑，应减少曝光补偿压暗画面，可为建筑增添岁月的厚重感（焦距：17mm ┊ 光圈：F13 ┊ 快门速度：1/50s ┊ 感光度：ISO100）

技巧 107 利用黄昏的光晕拍出建筑的气场

拍摄较大型的建筑物时，如果建筑物周围没有较高的绿色植物，或是其他装饰，拍出来的画面看起来会很单调，不利于表现建筑物。如右图所示，摄影师借用傍晚的光线，在建筑物后面形成一个很大的光晕，把整个建筑笼罩其中，不但使画面呈现金光闪烁的美丽，更将建筑物的宏伟高大表现得淋漓尽致。

↑ 在夕阳光线下拍摄的建筑物，对建筑物进行补光，才可以使画面看起来比较亮
距：50mm ┊ 光圈：F8 ┊ 快门速度：1/250s ┊ 感光度：ISO125）

技巧108 利用斑驳的光影交错拍摄历史遗迹

斑驳的光影有利于凸显历史的沧桑感与时空感，对于那些具有悠久历史的古迹，如兵马俑、圆明园、长城、故宫、敦煌莫高窟等建筑，如果在拍摄时寻找到这样的光线，将会拍出感染力极强的画面。

斑驳的光线照在盘龙雕像上，不仅使其看起来更加立体，还为其增添了岁月的痕迹（焦距：90mm ┊ 光圈：F11 ┊ 快门速度：1/250s ┊ 感光度：ISO400）

技巧109 利用黄昏光线表现建筑的沧桑感

黄昏下的光线较为柔和，低角度的光线可以使建筑的影子被拉长，而且黄昏光线的色温都比较低，暖融融的影调效果总能给人以愉悦的视觉感受，用这种光线拍摄古建筑，让建筑仿佛一位历经风霜的老人，沐浴在夕阳的余晖下诉说着他曾经的辉煌历史。

拍摄时，建议使用逆光，将建筑处理成剪影或半剪影效果，使画面略带神秘感，让观者欣赏到其优美的轮廓线条及感受到其历经沧桑的时代感。

低角度拍摄黄昏后的残破建筑，利用暗调，使整幅画面被渲染得很有沧桑感（焦距：90mm ┊ 光圈：F13 ┊ 快门速度：1/100s ┊ 感光度：ISO100）

技巧 110 通过强光比突出建筑的立体造型

在强光下拍摄建筑时，因为有很强的光影照射，对建筑立体感方面的表现效果非常明显，所以拍摄的画面层次虽然不是十分丰富，但立体感强，对于表现外形结构简单、线条硬朗的建筑尤为适合。

另外，在这种光线下，对于建筑物色彩的还原也很好，可以真实地再现建筑物的本来面貌。

强光照射下拍摄的建筑，不仅画面影调明朗，厚重的阴影也使建筑看起来很有立体感（焦距：30mm ┆ 光圈：F10 ┆ 快门速度：1/800s ┆ 感光度：ISO100）

技巧 111 小光圈拍摄建筑还可以表现环境

拍摄建筑物时，由于建筑物的体积都较大，尽量选择较小的光圈，以得到整体清晰的画面，有利于表现建筑及其周围环境。如右图所示，利用小光圈拍摄的大景深的画面，画面的整体都很清晰，不仅建筑物被表现出来，建筑物周围的环境也被表现出来。

想要表现建筑周围的环境，最好选择绿色植物较多的季节（焦距：100mm ┆ 光圈：F5.6 ┆ 快门速度：1/125s ┆ 感光度：ISO100）

技巧 112

硬光下的建筑层次分明

硬光照射下，物体上会有明显的明暗效果，画面反差较大，阴影较重。因此拍摄建筑物时，可把建筑物的层次表现得很明显。如右图所示，硬光下的建筑物，画面中的建筑物有明显的阴影，阴影使建筑看起来层次分明，画面有明朗之感。

画面中的建筑物较为复杂，拍摄时选择简单的天空作为背景（焦距：10mm ┆ 光圈：F4 ┆ 快门速度：1/640s ┆ 感光度：ISO100）

技巧 113

暖色调光线烘托建筑物的特色

光有烘托画面气氛的作用，因为光会使被摄体呈现不一样的视觉效果。如右图所示，很有异域特色的建筑，在斜射的暖暖的光线下，呈现一种很有民族特色的暖黄色调，使冰冷的建筑看起来比较温暖。

傍晚暖暖的光线很适合渲染画面气氛（焦距：105mm ┆ 光圈：F10 ┆ 快门速度：1/100s ┆ 感光度：ISO100）

技巧 114 散射光可突出建筑的厚重感

阴天时的散射光线有种厚重感，适合拍摄有年代感的建筑。如右图所示，中国最典型的建筑物——长城，也是摄影爱好者常拍的题材之一，画面中远处的长城被掩盖在淡淡的雾气中，更显示出中国建筑的轻灵飘逸、沧桑的感觉。

虚实的对比，增强了画面的空间感（焦距：28mm ┆ 光圈：F8 ┆ 快门速度：1/125s ┆ 感光度：ISO400）

技巧 115 利用室内灯光拍摄建筑内部

人造灯光常常表现出超乎想象的美感，拍摄室内特色建筑时可以借助这一点。如右图所示，在暖色的黄色光线中，装饰精美的厅堂一片金碧辉煌，地面上倒映着中间引人注目的圣诞树，气派中又洋溢着节日的喜庆与欢乐。

合适的光线可以烘托出建筑的风格（焦距：13mm ┆ 光圈：F4.5 ┆ 快门速度：1.8s ┆ 感光度：ISO100）

技巧116 利用反光表现建筑的现代感

现代的建筑与传统建筑不同，多是有很强的金属感。如右图所示，摄影师采用很低的角度，从下往上拍，利用广角强烈的透视变形表现出建筑物的高耸特点，由于建筑物的外部结构光滑，倒映着白云，使建筑物看起来现代感十足。

仅仅是简单的几个元素，结合建筑反光的特点，就使画面具有新意（焦距：18mm ┆ 光圈：F10 ┆ 快门速度：1/640s ┆ 感光度：ISO200）

技巧117 顺光表现建筑色彩

利用顺光拍摄建筑物时，最好选择颜色鲜艳的建筑物，因为顺光的画面中阴影较少，不会破坏颜色的表现。如右图所示，顺光下拍摄的群体建筑，在蓝天白云的映衬下，一栋栋彩色的楼房色彩鲜艳、明亮，在水面和天空的映衬下显得宁静、祥和。

使用顺光拍摄的画面，画面中没有明显的阴影，使画面颜色淡雅（焦距：10mm ┆ 光圈：F16 ┆ 快门速度：1/125s ┆ 感光度：ISO200）

第 8 章
植物曝光与用光实战技巧 26 招

本章扩展学习视频

1. 使用三种不同焦段镜头拍摄花卉要点

2. 使用三种不同视角拍摄花卉要点

3. 使用三种不同光线拍摄花卉要点

4. 十种拍摄花卉的构图方法

5. 利用黑色或白色背景衬托花卉

对木

技巧118 拍摄半透明的树叶

要想拍摄出晶莹
]透的树叶，首先要
择长焦镜头，再配
使用大光圈。利用
焦镜头可以压缩空
，大光圈可以虚化
景，将被摄主体从
乱的背景中抽离出
，从而使主体更加
出，并采用逆光进
拍摄。而对于主体
背景的选择，通常
择偏暗的影调，更
凸显出主体叶片的
亮度。在曝光补偿
面，可以遵循背景
亮增加EV值，背景
暗减少EV 值的原
进行调整，以获得
为理想的画面效果。

画面中绿色的树叶在虚化
景的衬托下呈现半透明的
果，给人一种清透的感觉，
摄时可使用点测光对较亮
进行测光（焦距：90mm ¦
圈：F1.8 ¦ 快门速度：
50s ¦ 感光度：ISO100）

技巧 119 利用点测光拍摄低调树叶画面

低调照片常给人凝重的特殊感受。如果背景较暗，而树叶刚好被光线打亮，则可以使用点测光对较亮的树叶进行测光。此时相机会以较亮的树叶为曝光基准，让其正常曝光，而较暗的背景则会被拍成暗调，甚至是纯黑，这种风格的画面非常适合表现秋天泛黄树叶的萧瑟感。

在黑背景的衬托下，逆光下的叶子呈现半透明状（焦距：190mm ┊ 光圈：F5.6 ┊ 快门速度：1/200s ┊ 感光度：ISO400）

技巧 120 拍摄树影展现光影之美

在拍摄树林时，如果只是单纯地拍摄一棵树会显得太过单调，可以借助周围的环境来美化画面。通常在夕阳时分拍摄，此时的光线角度比较低，如果使用点测光对亮处进行测光，可使树木在画面中呈现为剪影效果，地面上的阴影也会加重，拍摄时可将阴影纳入画面中，呈放射状的深色阴影好似钢琴的琴键，看起来有一种韵律美感。

在太阳升起不久时以逆光拍摄树林，树干的影子呈线条状平铺在地面上，暖调的画面中光影交织，很有形式美感。由于拍摄时使用了广角镜头，因此投影呈放射状，起到了增强画面空间感的作用（焦距：20mm ┊ 光圈：F10 ┊ 快门速度：1/20s ┊ 感光度：ISO100）

技巧121 利用散射光拍摄树林中梦幻的雾气

由于树木的光合作用，林早晚常会出现雾气。雾气升，薄如轻纱，使林间光影朦、若隐若现，形成很好的空透视效果，从而渲染出平和、静、神秘的意境，具有独特视觉魅力，给观者以遐想。

利用垂直线构图使大雾弥漫的树林展现规整的秩序美感，柔和的树林画面散发着神秘的气息（焦距：50mm ┆ 光圈：F6.3 ┆ 快门速度：1/50s ┆ 感光度：ISO100）

技巧122 利用逆光拍摄树木的剪影效果

除了密林中的树木外，许生长在草原等较空旷地方的木都可以采用轮廓线的表现法，使画面呈现有鲜明的轮线条形式美感。

因此应该在清晨或傍晚迎太阳进行拍摄，用点测光模对准天空中较亮的位置进行光，从而使地面上的树木由曝光不足呈现出剪影轮廓线。如果拍摄的场景中树木的方有较大的活动空间，则树会在光线下拖出一条条长长影子，不仅使画面有了极佳光影效果，而且还能增强画的空间感。

使用点测光对天空处测光，得到剪影效果的树木，在干净的天空衬托下，树木的线条轮廓非常突出（焦距：17mm ┆ 光圈：F5.6 ┆ 快门速度：1/1250s ┆ 感光度：ISO100）

技巧 123 拍摄穿射林间的光线

当阳光穿透树林时，由于被树叶及树枝遮挡，会形成一束束透射林间的光线，有的摄友称这种光线为“耶稣圣光”，能够为画面增加一种神圣感。

要拍摄这样的题材，最好选择清晨或黄昏时分，此时太阳斜射向树林中，能够获得最好的画面效果。可以迎向光线用逆光进行拍摄，也可以与光线平行用侧光进行拍摄。

在曝光方面，可以以林间光线的亮度为准拍摄出暗调照片，衬托林间的光线；也可以在此基础上，增加 1~2 挡曝光补偿，使画面多一些细节。

逆光拍摄林间光束，并增加 1 挡曝光补偿，使画面既有光束感，又多了一些细节，画面有显著的明暗对比（焦距：70mm ┆ 光圈：F7.1 ┆ 快门速度：1/25s ┆ 感光度：ISO100）

技巧 124 增加曝光表现树木和天空

当画面中利用天空为背景时，由于天空的亮度较高，因此要注意明暗对比过大，会使其中一方损失过多，这时就要对较暗的一方补光。如右图所示，仰视拍摄的树木，使树木看起来高大挺拔，摄影师进行了曝光补偿，提亮了树木的亮度，缩小画面的反差，使画面看起来曝光合适。

利用仰视的角度拍摄的树木，进行曝光补偿后，画面的明暗反差缩小了（焦距：10mm ┆ 光圈：F16 ┆ 快门速度：6s ┆ 感光度：ISO200）

花卉

技巧125 柔光让花卉细节更细腻

顺光照明拍摄出来的微距照片，由于没有太多的阴影，因此画面比较柔和，适合表现被摄主体的固有色彩和结构。例如，在顺光条件下拍摄花卉，就可以将花卉表现得非常鲜艳。

柔光下拍摄的画面中，花卉受光均匀，影调柔和，细节处也表现得很细腻（焦距：90mm ┆ 光圈：.8 ┆ 快门速度：1/320s ┆ 感光度：ISO100）

技巧 126 利用暖调表现花卉祥和的一面

因为暖色总是让人联想到太阳、夏天等，所以一见到暖色的画面就会使人有种温暖、热烈、活跃的感受。

而很多品种的花卉均为暖色调，比如菊花、桃花、油菜花等，再加上日出或者日落时的暖调光线，就可以拍出看起来十分温馨的花卉照片。

利用小景深突出被摄主体，使被摄物与背景分离开来（焦距：105mm ┆ 光圈：F7.1 ┆ 快门速度：1/250s ┆ 感光度：ISO100）

技巧 127 暗色背景拍摄花卉用点测光模式

合适的背景能够更加鲜明地衬托娇艳的花朵。如果花朵的颜色较浅，则适合于使用较深的背景色来表现。拍摄时可以采取点测光模式对花朵较明亮的位置进行测光，从而使其背景或环境呈现较暗的色调，也可以随身携带一块黑色的背景布或背景板，在拍摄时将其布置在花朵的后面。

具体操作时，可以使用拥有较大光圈的镜头用大光圈进行拍摄，或者长焦镜头的长焦端进行拍摄，以得到浅景深画面。

使用点测光对梅花进行测光，得到的画面中淡粉色的梅花在深调背景的衬托下显得非常通透（焦距：200mm ┆ 光圈：F3.2 ┆ 快门速度：1/500s ┆ 感光度：ISO100）

技巧128 逆光表现花卉的透明感与轮廓

逆光照射是指从花卉的后侧进行照明，一般花卉在画面上表现为剪影。如果花瓣的质地较薄，会使其呈现出透明或半透明的状态，从而更加细腻地表现出花朵的质感、层次和花瓣的纹理。在运用这种角度的自然光时，要特别注意对花卉进行补光并选用较暗的背景进行衬托，这样才能更突出地表现花卉的形象。

逆光拍摄时，使用点测光对花卉的受光处进行测光，得到画面中花瓣呈半透明状，很好地表现了花朵的纹理和质感（焦距：200mm ¦ 光圈：F3.2 ¦ 快门速度：1/800s ¦ 感光度：ISO100）

技巧129 使用反光板为花卉补光

在户外拍摄花卉时，难免会碰到强烈的直射光。虽然这种光线下的花卉立体感较强，但明暗对比也会过强，影响花卉精美细节的展示。例如，当阳光来自左上方时，花朵的右下方会留下较浓厚的阴影，此时，如果在花卉背光处使用反光板进行补光，不但能够提亮花卉的暗部，减少光比，还能挡风，以保证图片的清晰度，可谓一举两得。

对花朵的背光区域进行补光，得到了明亮的花卉照片（焦距：mm ¦ 光圈：F3.5 ¦ 快门速度：1/400s ¦ 感光度：ISO100）

技巧 130 利用逆光拍摄花卉上晶莹剔透的露珠

为了使拍摄出来的水滴能够折射太阳的光线，在拍摄时最好采取逆光的角度，从而使水滴在画面中释放出晶莹剔透的质感与眩光的光芒，得到通透自然、色调明快的画面效果。

利用微距镜头使花朵的局部被凸显在画面之中，点缀在花瓣上的水珠在逆光下看起来非常晶莹剔透，也衬托得花朵更加鲜艳（焦距：50mm ┆ 光圈：F1.8 ┆ 快门速度：1/320s ┆ 感光度：ISO100）

技巧 131 减少曝光使花卉色彩更浓郁

在拍摄时，如何把握花卉的颜色，使花朵看起来更加娇艳，就是摄影爱好者需要考虑的问题了。在拍摄时，可以适当减少曝光补偿，这样会使花朵看起来颜色饱和度较高，更加娇艳。

为了使花朵看起来颜色更饱满，降低了 0.3 挡的曝光补偿，使花朵看起来更加艳丽（焦距：40mm ┆ 光圈：F5 ┆ 快门速度：1/800s ┆ 感光度：ISO100）

技巧 132

用大光圈得到唯美的虚化效果

使用大光圈进行拍摄时，可以将背景拍摄成为非常柔和的虚化效果，从而将杂乱的背景模糊虚化掉，使被摄物体更加突出、明显，使画面更有层次。

采用逆光的方式进行拍摄，配合大光圈的使用，景深外的背景形成一些圆形或六角形的光斑，装饰美化背景，给画面平添几分情趣，如果要在背景中出现光斑，要确保背景中有闪闪发亮的树叶、波光或其他对象（焦距：200mm ¦ 光圈：F2.8 ¦ 快门速度：1/400s ¦ 感光度：ISO100）

技巧 133

利用大光圈突出花朵的细节

通常利用大光圈可以得到浅景深的画面，突出想要表现的部分，虚化多余的部分。如下图所示，利用长焦镜头结合大光圈拍摄的花卉的局部，斜射的光线使画面明暗对比强烈，突出了花卉细部纹理。

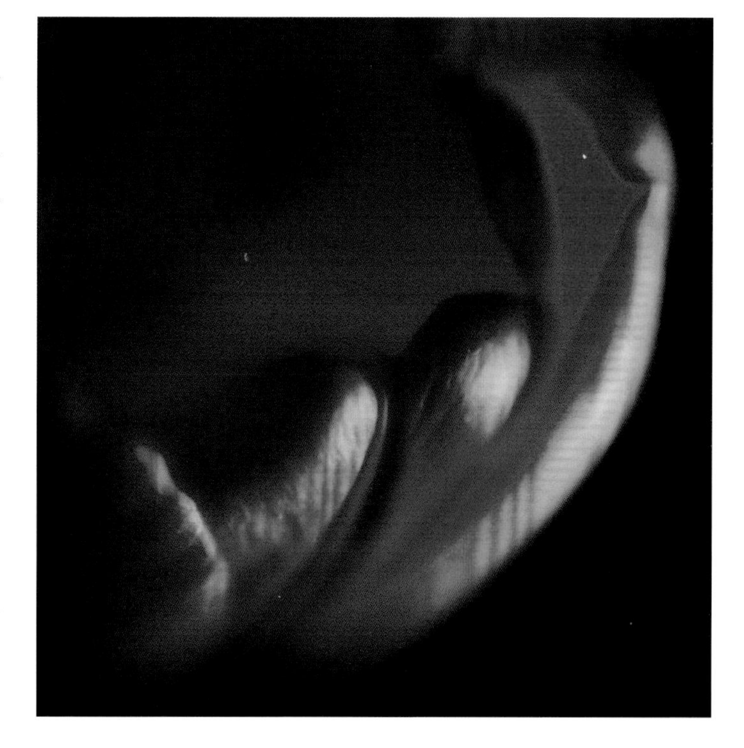

因为只突出花卉的局部，所以构图也只拍摄了花卉的一部分，易突出重点（焦距：100mm ¦ 光圈：F5.6 ¦ 快门速度：1/…00s ¦ 感光度：ISO200）

技巧 134 小光圈拍摄大场面花朵

想要得到大景深的清晰画面，通常选择较小的光圈。如右图所示，利用广角结合小光圈拍摄的大景深的画面，将纯净的蓝天作为背景，衬托着黄色的花地，使画面更加明亮，画面看起来清新明了。

在顺光的照射下画面中几乎没有阴影，颜色看起来很漂亮（焦距：10mm ┊ 光圈：F8 ┊ 快门速度：1/250s ┊ 感光度：ISO200）

技巧 135 活用快门速度表现风中的花朵

拍摄花朵时经常有微风，可能导致拍摄到的花朵模糊。这时，可使用1/500s 甚至更高的快门速度，以使花朵保持清晰。

但如果在拍摄时刻意使用低一些的快速速度，使花朵由于在风中摇摆而形成动感模糊的效果，反而使照片给人一种新奇的感觉。

使用高速快门定格下风吹花丛时，花朵摇摆的瞬间，在蓝天的映衬下，显得极动感（焦距：18mm ┊ 光圈：F20 ┊ 快门速度：1/500s ┊ 感光度：ISO100）

技巧136 顺光下的花卉色彩饱满

顺光下的画面阴影较少，是因为光线照射方向和相机的拍摄方向一致，画面中明暗对比较小，影调平淡柔和，能更好地表现画面的色彩，使花卉看起来色彩饱满。

顺光下的花卉看起来色调柔和，色彩饱满（焦距：00mm ¦ 光圈：F5.6 ¦ 快门速度：1/250s ¦ 感光度：ISO100）

技巧137 侧光突出花卉的立体感

侧光的画面明暗对比明显，有明显的受光面和背光面，可表现花卉的立体感。如右图所示，侧光拍摄的花卉，画面的影调丰富，花卉的立体感也很明显，并且花卉的形态特点也表现出来了。

为了不失去太多暗部细节，测光时可按照暗部测光，增加曝光补偿。（焦距：mm ¦ 光圈：F2.8 ¦ 快门速度：320s ¦ 感光度：ISO64）

技巧 138 拍摄黄色的花卉增加曝光补偿

颜色在彩色照片里非常重要，尤其拍摄花卉时，颜色的表现就更重要了。如右图所示，黄色的花朵在画面中显得很突出，由于黄色在众多色彩中比较亮丽，所以在拍摄时，应增加一挡曝光补偿，这样画面看起来会更加清新、亮丽。

增加了一挡曝光补偿后，画面变得更加鲜艳亮丽（焦距：17mm ┆ 光圈：F5.6 快门速度：1/640s ┆ 感光度：ISO100）

技巧 139 拍摄白色花卉增加曝光补偿

根据“白加黑减”的原则，在拍摄白色花朵时，也要增加曝光补偿，以避免画面发灰。如右图所示，通过增加了曝光补偿之后的白色花朵，花朵在画面中很突出，表现得很真实，避免了画面曝光不足而导致花朵黯然失色的情况。

增加了曝光补偿的花朵真实地呈现在了画面上（焦距：112mm ┆ 光圈：F5 ┆ 快速度：1/200s ┆ 感光度：ISO100）

技巧140

细腻的影调突出花卉的细节

影调越细腻说明画面的反差越小，细节丢失少，画面看起来很温馨、平和。如右图所示，散射光下拍摄的花卉，画面中没有明显的明暗对比，反差较小，由于没有阴影面，颜色看起来非常柔和。

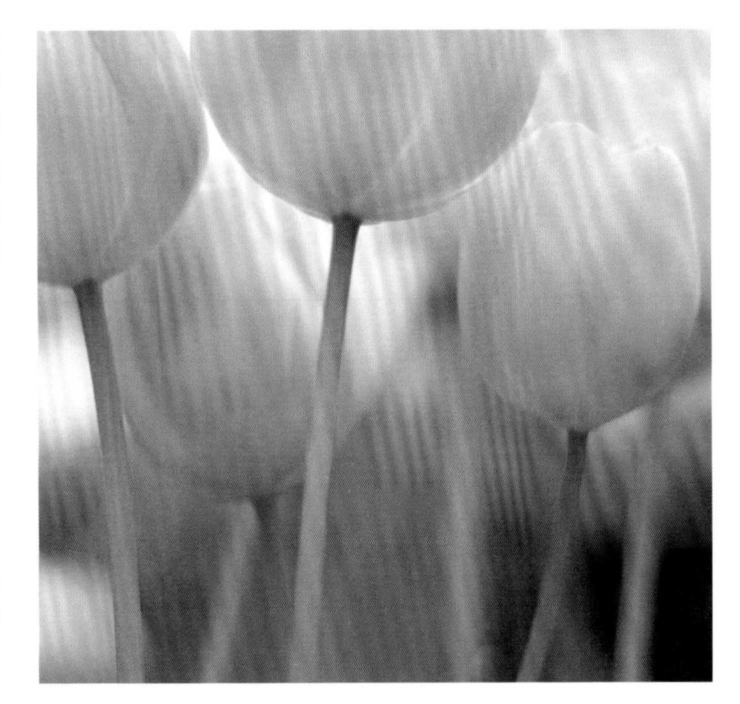

在散射光下拍摄的花卉，按照平均测光得到的数值进行拍摄即可（焦距：50mm ¦ 光圈：F1.8 ¦ 快门速度：1/250s ¦ 感光度：ISO200）

技巧141

利用偏振镜使花卉色彩更加纯净

由于偏振镜可以减小和消除非金属表面的反光，从而减小画面的反差，所以，它不仅可用在风景摄影中，还可用在植物的摄影中。如右图所示，使用了偏振镜后的画面，减少了周围环境对画面的影响，缩小了画面的反差，画面看起来自然、纯净。

利用偏振镜，表现出荷花出淤泥而不染的纯净美感（焦距：50mm ¦ 光圈：F5.6 ¦ 快门速度：1/400s ¦ 感光度：ISO200）

技巧 142 利用眩光得到更梦幻的花卉画面

拍摄时可利用遮光罩去除眩光，其实眩光有时也可以制造出特别的画面效果。如右图所示，摄影师利用花朵背面拍摄的画面，眩光使整个画面看起来似真似幻，黄色的花朵在这样的光线氛围中显示出一种清新、淡雅的朦胧美感。

利用大光圈，虚化了背景，突出了主体，眩光制造出一种梦幻的美感（焦距：200mm ┆ 光圈：F3.5 ┆ 快门速度：1/50s ┆ 感光度：ISO100）

技巧 143 散射光表现柔和的画面色彩

散射光照射的画面中明暗过渡区域比较大，受光面和背光面在画面中不是十分明显，画面的反差小，没有明显的阴影。如下图所示，散射光照射下的画面中几乎没有阴影，也没有很暗的部分，看起来柔和、干净。

雨后拍摄的野外的花朵还着水珠，有着自然的清新（焦距：60mm ┆ 光圈：F3.3 ┆ 快门速度：1/250s ┆ 感光度：ISO400）

第 9 章 动物曝光与用光实战技巧 26 招

本章扩展学习视频

. 动物摄影应该选用什么样的器材

. 动物园里拍摄动物的方法与技巧

. 拍摄宠物的小技巧

. 拍摄鸟类的几个要点

飞鸟

技巧144 减少曝光量以突出鸟类羽毛的色彩

鸟儿羽翼的色彩是应重点表现的部分，拍摄时应注意环境色与鸟儿羽翼色彩的协调，以让其在画面中表现得更加突出。

绝大多数鸟类都有绚丽的羽毛，在画面中再现其质感与色彩是拍摄鸟儿的关键，拍摄时要注意以下问题。

第一，为了确保画面中鸟的羽毛有纤毫毕现的感觉及良好的成像质量，通常应该将镜头的最大光圈收缩1~2挡再拍摄，尽量不使用最大光圈。

第二，把握准确的曝光量，避免由于过曝导致鸟儿的羽毛不能细致展现，或欠曝导致鸟儿的羽毛模糊成一片的情况。具体拍摄时，如果鸟儿的背景较暗，如处在树丛中和水中，要适当减少曝光量；如果鸟儿的背景较亮，如拍摄天空中飞翔的鸟儿，要适当增加曝光量，具体补偿多少视现场情况而定。此外，拍摄鸟儿的特写时，由于鸟儿的身体占据整个画面，因此要注意鸟儿羽毛的颜色，按照“白加黑减”的原则调整曝光量。

降低曝光补偿不仅使老鹰的羽毛纹理更加清晰，而且压暗绿色的背景，使得老鹰在画面中更加突出（焦距：270mm ┊ 光圈：F2.8 ┊ 快门速度：1/800s ┊ 感光度：ISO800）

技巧145 高速快门拍摄空中的飞鸟

鸟的飞行速度较快，为了将飞鸟
飞行的姿态捕捉在画面上，需要结合
高速快门，并使用较小的光圈，以获
得较大的景深画面。同时还要采用快
速的对焦方式，不但要将飞鸟的姿态
真实地表现出来，还要事先做好合适
的构图。

利用纯净的天空作为画面背景，将鸟的轮廓清晰呈现在画面中（焦距：15mm ┆ 光圈：F8 ┆ 快门速度：1/250s ┆ 感光度：ISO200）

技巧146 侧光突出鸟类羽翼的层次

选择在侧光下拍摄鸟儿可以加强
立体感呈现的同时，还有利于将鸟
儿羽毛细微的质感变化精妙地呈现在
画面中。

侧光下拍摄的树枝上栖息的鸟儿，画面中鸟儿的体呈现出较强的立体感（焦距：270mm ┆ 光圈：.1 ┆ 快门速度：1/200s ┆ 感光度：ISO100）

技巧 147 通过明暗对比突出光影中的鸟儿

在拍摄鸟儿时，顺光能够表现鸟儿色彩丰富的羽翼，逆光能够表现鸟儿优美的体形，而点光则能够在阴暗、低沉的环境中照亮鸟儿，从而使其在画面中格外突出、醒目。但是这种光线是可遇而不可求的，其成因与太阳、云彩或树枝等环境因素的位置有很大关系。

采用顺光拍摄鸟儿时，应该用点测光针对画面中相对较明亮的鸟儿身体进行测光，或者降低一挡曝光补偿，从而使环境以暗调呈现在画面中，而鸟儿的身体则较明亮。

以深色背景拍摄白色的鸟儿，在顺光下，鸟儿的羽毛细节表现得很细腻（焦距：320mm ┊ 光圈：F4.5 ┊ 快门速度：1/1250s ┊ 感光度：ISO800）

技巧 148 大光比拍摄剪影的水鸟

逆光可勾勒出被摄体的轮廓，可拍摄水里的鸟类，来突出鸟儿的外形特点。当画面中是几只鸟儿一起时，还可以因排列的不同，形成高低不同的节奏感。如右图所示，一排鸟儿在水中的画面，对准亮部测光，形成大光比的剪影画面，有种自然、生动的美感。

剪影最宜突出被摄体的形态特征，所以拍摄比较有外形特征的被摄体（焦距：400mm ┊ 光圈：F9 ┊ 快门速度：1/200s ┊ 感光度：ISO400）

技巧 149

低调画面的飞鸟形式感很强

低调画面也可以拍得让人眼前一亮。如右图所示，全黑的背景下，洁白的飞鸟，好似黑色绒布上的白色珍珠，以优美的姿态戏水、翱翔。简洁的画面元素，使画面具有强烈的形式美感。

越简单的画面越吸引人，这就是摄影“减法”的魅力（焦距：300mm ¦ 光圈：F8 ¦ 快门速度：1/250s ¦ 感光度：ISO100）

技巧 150

拍摄天鹅的洁白

拍摄天鹅时，一定要曝光合适以突出天鹅洁白的羽毛，应选择简单的深色背景，以突出天鹅羽毛的特点。如右图所示，在深色背景下，洁白的天鹅非常突出，为了不使天鹅拍出来发灰，应增加曝光补偿，以提亮画面的亮度。

在暗背景的衬托下，天鹅在画面中非常突出（焦距：125mm ¦ 光圈：F5 ¦ 快门速度：1/400s ¦ 感光度：ISO400）

走兽

技巧 151 小光圈拍摄动物表现环境

拍摄动物时，可把拍摄的环境也表现出来，美化画面。通常广角镜头再配合小光圈，可得到大景深的画面。如右图所示，晴朗天空下，利用广角拍摄的骆驼有些夸张变形，用小光圈得到大景深的画面，周围的环境也表现得很清晰，画面明亮，主体突出。

由于是背光面拍摄，可利用反光板进行补光，以提高整个画面的亮度（焦距：10mm ┆ 光圈：F8 ┆ 快门速度：1/1500s ┆ 感光度：ISO400）

技巧 152 大光圈突出动物局部

由于大光圈可以得到较小的景深，因此可以虚化掉不需要的细节部分，突出需要表现的部分。如下图所示，摄影师重点突出了猫的眼睛，使画面的主题明确，猫明亮的眼神在画面中成为吸引观者目光的中心点。

利用毛茸茸毯子作为虚化的景，与猫可爱的样极为相称（焦距 200mm ┆ 光圈 F1.8 ┆ 快门速度 1/125s ┆ 感光度 ISO100）

技巧153 拍摄雪地中的动物增加曝光补偿

拍摄风雪中的动物并不容
易，既要拍摄得清晰，还要保
护好摄影器材。如右图所示，
在风雪天拍摄的马匹，为了不
使画面发灰，应增加一到两挡
的曝光补偿，以提亮画面的亮
度，使雪和白色的马匹都得到
准确的曝光。

增加了曝光补偿之后画面很明亮，
花和马匹都得到真实还原（焦距：
mm ┆ 光圈：F7.1 ┆ 快门速度：
50s ┆ 感光度：ISO100）

营造眼神光表现动物的可爱

拍摄动物时，可通过眼睛
现动物的内心世界，所以要准
好相机随时抓拍，将焦点对
动物眼睛，常常能获得震撼
画面效果。捕捉动物的眼神
，还要结合现场的光线展现
动物的灵性。眼神光是最能
显动物神态的，眼神光的恰
运用可使拍摄出的动物更加
神，突出动物的形态特点。

为使画面看起来更加明亮，突出动物
灵性，可增加曝光补偿，提高画面亮
（焦距：70mm ┆ 光圈：F5.6 ┆ 快门
度：1/200s ┆ 感光度：ISO200）

技巧 155 逆光表现动物的毛发

逆光拍摄时，由于照相机和光源正向对，光源会在被摄体的边缘轮廓形成一个光圈，如果是毛发，光就会透过毛发形成半透明的视觉效果。如右图所示，小猴子的毛发因为逆光，在画面中形成一个光圈，类似发光的视觉效果，在暗背景的衬托下，非常可爱迷人。

逆光拍摄时，要选择一个暗背景，才能更好地衬托出轮廓光（焦距：200mm ┆ 光圈：F5.6 ┆ 快门速度：1/100s ┆ 感光度：ISO200）

技巧 156 拍摄小动物尽量不要开启闪光灯

闪光灯关闭模式可避免在拍摄过程中闪光灯自动开启而影响画面效果的模式，尤其是拍摄动物时闪光灯会惊吓到动物，为了不影响拍摄，需要首先强制关闭闪光灯。关闭闪光灯后，需要注意拍摄环境中的光线条件。在暗光环境下，如不开启闪光灯，要保证画面准确曝光，就需要适当调节感光度，以使主体在画面中清晰可见。

关闭闪光灯拍摄的画面，小老鼠在画面中真实、自然（焦距：200mm ┆ 光圈：F7.1 ┆ 快门速度：1/80s ┆ 感光度：ISO200）

技巧157 夕阳下逆光效果的马匹

夕阳的色温很低，颜色偏暖，太阳
照射的角度也较低，所以夕阳下的景色
就好似被涂上一层温馨的色彩，温暖且
浪漫。如右图所示，很有趣的马匹的画
面，逆光照射在马鬃上，形成好看的暖
红色，马匹受光的一侧的毛发都表现得
很清晰。

对着暗部测光，再减低曝光量，使亮部不会曝光太过（焦距：50mm ¦ 光圈：F2.8 ¦ 快门速度：1/1000s ¦ 感光度：ISO800）

技巧158 侧光表现小猫的可爱

拍摄毛茸茸的小动物时，最好是利用合适的光线表现出小动物憨态可掬的毛茸茸的特点。如右图所示，侧面照过来的光线，在暗背景的衬托下小猫的毛发根根分明，给人感觉很精致。

对准中灰部测光，使猫的受光面和背光面都得到准确的曝光（焦距：mm ¦ 光圈：F2.8 ¦ 快门速度：1/125s ¦ 感光度：ISO200）

技巧159 冷调拍出动物的艺术感

冷调的画面有种空旷悠远、宁静的视觉感受。如右图所示，画面整体呈现蓝色的冷色调，有种朦胧的感觉。风雪中，走在水里的马鹿，好似童话中走出的灵兽般神秘、梦幻。这幅作品看起来像一幅科幻的画面，拍摄时可降低曝光，使画面的色彩更浓郁。

拍摄走动的动物时，要提前想好构图，为马鹿走向的前方留出空间（焦距：200mm ┆ 光圈 F5.6 ┆ 快门速度：1/100s ┆ 感光度：ISO200）

技巧160 暖调表现温馨的动物画面

暖调的画面给人温暖的感受。如右图所示，夕阳下被处理成近似剪影的天鹅，优雅弯曲的脖子，在画面中形成好看的弧度，被夕阳染成的金黄色的水面泛起阵阵涟漪，整个画面都弥漫着优雅、宁静的美丽。

拍摄时注意要使用长焦，以避免惊扰被拍摄对象，为了渲染画面的暖色调，可以将色温值调整得比较高（焦距：420mm ┆ 光圈：F4 ┆ 快门速度：1/500s ┆ 感光度：ISO200）

技巧161 高调拍摄白色的小猫

高调的画面大多干净、简洁。如右图所示，特写的白色小猫，画面简洁、明亮，没有过多杂乱的元素，形成高调的画面，这样的表达方式很符合猫高贵、孤傲的性情特点，画面中仅突出了猫的脸部，浅色的眼睛和粉色的鼻子成为画面的焦点。

增加曝光补偿后，猫的白色皮毛被真实还原（焦距：300mm ┆ 光圈：F4 ┆ 快门速度：1/250s ┆ 感光度：ISO1600）

技巧162 中间调表现宠物的随和

中间调的画面中没有突兀的色彩和亮度，都是在人们适应的范围内，所以画面看起来朴实、温和，很有亲切感。如右图所示，利用侧光表现家中的狗狗，画面中没有强烈的明暗对比，能感受到狗狗的温顺、随和。

在自然光线下拍摄的狗狗，光线均匀，按照测光得到的数值进行拍摄即可（焦距：100mm ┆ 光圈：F4 ┆ 快门速度：1/250s ┆ 感光度：ISO125）

昆虫

技巧 163 用大光圈突出体积小的昆虫

拍摄体积较小的昆虫时，要尽量靠近昆虫拍摄或利用长焦镜头拉近拍摄，使其在画面的面积尽量变大，并结合大光圈去除杂乱的环境背景。如右图所示，利用长焦镜头和大光圈拍摄的蜜蜂，背景被虚化掉，在淡黄色花朵的衬托下，小蜜蜂在画面中突出地呈现。

拍摄时尽量对准蜜蜂曝光，以得到准确的蜜蜂的画面（焦距：185mm ¦ 光圈：F5.6 ¦ 快门速度：1/1000s ¦ 感光度：ISO400）

技巧 164 利用低速快门虚化蝴蝶舞动的翅膀

蝴蝶在飞行的时候，翅膀振动得较快，因此常常需要提高快门速度并配合连拍模式进行拍摄，以捕捉到清晰的画面。

还可以利用较低的快门速度，拍摄其扇动翅膀时的动感效果，以清晰的花作为对比陪衬，将蝴蝶表现得更灵动。

通过较暗的背景让蝴蝶与花卉更加突出（焦距：90mm ¦ 光圈：F5.6 ¦ 快门速度：1/60s ¦ 感光度：ISO100）

技巧165 逆光下拍摄毛毛虫的轮廓光

拍摄有绒毛的动物，逆光是最好的表现方式之一，可以拍摄出绒毛丝丝分明的感觉来。如右图所示，逆光拍摄的毛毛虫，在黑背景的衬托下，毛毛虫的绒毛被表现得清晰明了，绒毛好像发光一样，亮丽、突出。

为了让轮廓光更加的明显，可以在拍摄的时候将测光模式设置成为点测光，对准绒毛外轮廓较亮的地方进行测光（焦距：150mm ¦ 光圈：F7.1 ¦ 快门速度：1/250s ¦ 感光度：ISO200）

技巧166 逆光拍摄动物的半透明感

逆光拍摄动物总有意想不到的视觉效果。如右图所示，逆光拍摄的螳螂，光从螳螂的后侧方照过来，使螳螂看起来有种透明的感觉，在黑色的背景的衬托下尤其突出，引人注目。

在逆光的照射和黑色背景的衬托下，螳螂好像是透明的一样，画面很有创意（焦距：150mm ¦ 光圈：F7.1 ¦ 快门速度：1/160s ¦ 感光度：ISO100）

技巧 167 硬光表现瓢虫光滑的外壳

硬光画面的影调比较生硬，很难表现出被摄主体的丰富层次。而采用硬光拍摄动物，可将其外壳光滑的感觉真实地再现出来，如右图所示，通过光影的对比及明暗的反差，突出瓢虫外壳的质感，使画面更加真实生动。

采用长焦拉近拍摄的瓢虫，在自然光线的照射下，主体在画面中形成明显的阴影，明暗反差较大，硬光突出了其外壳的光泽和质感（焦距：200mm ┆ 光圈：F5.6 ┆ 快门速度：1/100s ┆ 感光度：ISO200）

技巧 168 利用高速快门捕捉空中飞舞的蜜蜂

常见的蜜蜂有大黄蜂、黑熊蜂、小蜜蜂等，它们身体的色彩主要是黑、黄两种。对微距摄影来说，小蜜蜂比较好拍，因为它在花朵中会停留较长的时间，拍摄机会也会增多。大黄蜂和黑熊蜂的体形较大，且停留在花朵中的时间很短，又喜欢在空中盘旋飞行，所以拍摄难度较大，拍摄时除了要有耐心、较高的观察力，还要设置较高的快门速度，并开启连拍功能，以捕捉到它们美丽的身影。

使用闪光灯拍摄蜜蜂飞舞在花朵前的瞬间，蜜蜂身上出现高光，很好地表现出体上的光泽、质感，并突出了其生动、专注的神情（焦距：135mm ┆ 光圈：F3.2 ┆ 快门速度：1/500s ┆ 感光度：ISO100）

使用闪光灯为昆虫补光

在微距摄影中，通常需要使用F8～F13的光圈，如果在光线明亮的户外拍摄，基本能够满足微距拍摄的需要。但更多情况下，由于轻微的手抖或昆虫的移动会使画面模糊，此时应使用闪光灯进行补光。

对微距摄影来说，相机自带的内置闪光灯、外置闪光灯，以及微距专用的双头和环形闪光灯，其性能都足以满足补光的需求，但由于拍摄对象过近，内置闪光灯、外置闪光灯照出的光线常常由于镜头的阻挡而导致无法照亮整幅画面，或画面光线生硬，不够真实。此时可以选择专业的环形或双头闪光灯进行拍摄。

使用闪光灯拍摄表面较光滑或甲克类昆虫时，会在其身体上形成亮的高光，凸显其光滑、坚硬的外壳质感。而对于蝴蝶、蜘蛛、蜜蜂等昆虫来说，闪光灯产生的高光则不适合，拍摄时建议在闪光灯外加装柔光罩，以使画面更加柔和、自然。此外，闪光灯可以在昆虫眼睛上产生漂亮的眼神光，使画面更生动、传神。

使用专业的双头闪光灯，为昆虫增加漂亮的光泽，同时使整个画面的光照也非常均匀，画面非常自然（焦距：105mm ¦ 光圈：9 ¦ 快门速度：1/100s ¦ 感光度：ISO200）

第 10 章
静物曝光与用光实战技巧 11 招

技巧170 搭建便于布光的简易静物影棚

拍摄静物时，在家里就可以搭建简易的摄影棚。这样拍摄家里自己喜爱的摆件之类的东西，就方便多了。首先要确定摄影棚的大小，根据所需搭建半包式影棚，利用白纸或者白色透光性好的布料，组成右图那样的形状。然后根据被摄体的特点选择合适的纯色背景布或卡纸，再利用台灯或其他照明设施为被摄体布光，同时可将白色卡纸作为反光板来使用。

简易静物影棚

用白色卡纸作为简易摄影棚，突出深色的被摄体（焦距：55mm ┆ 光圈：F8 ┆ 快门速度：1/3s ┆ 感光度：ISO400）

技巧 171 利用布光制造不一样的画面气氛

表现被摄物时，可以借助合适的布光的效果表现出静物不同的一面来。如右图所示，打亮的蓝色背景，使画面看起来十分梦幻，而浅色的背景也与深色的被摄物分离开，深浅不一的蓝色，带给人舒适与安详的感受。

合适的光线不但把被摄物的颜色表现出来，还把被摄物的质感也表现出来（焦距：78mm ┊ 光圈：F8 ┊ 快门速度：1/250s ┊ 感光度：ISO100）

技巧 172 利用侧光表现物体质感

侧光的画面有明显的明暗交界线，受光面会有高光，背光面会有反光。如右图所示，一组化妆品的瓶子，在灯光的照射下晶莹剔透，极为精致。侧面射来的光线，受光面和背光面有明显区别，增强了被摄体的立体感，同时，打亮的背景也增强了画面的空间感。

明暗对比，突出了被摄体晶莹剔透的感觉，背景的打亮也表现出画面的空间感（焦距：55mm ┊ 光圈：F5.6 ┊ 快门速度：1/250s ┊ 感光度：ISO100）

技巧173 拍摄发光物体适当减少曝光补偿

拍摄发光的物体时，适合选择暗背景，这样有利于突出被摄体的特点。如右图所示，黑色背景下，一根燃烧的红色蜡烛，蜡烛鲜艳的颜色在黑色背景的衬托下更加鲜艳突出，整幅画面色彩鲜明、主题突出。拍摄时可根据蜡烛的亮度测光，再减少半挡曝光补偿，压低暗部，使画面看起来更鲜明。

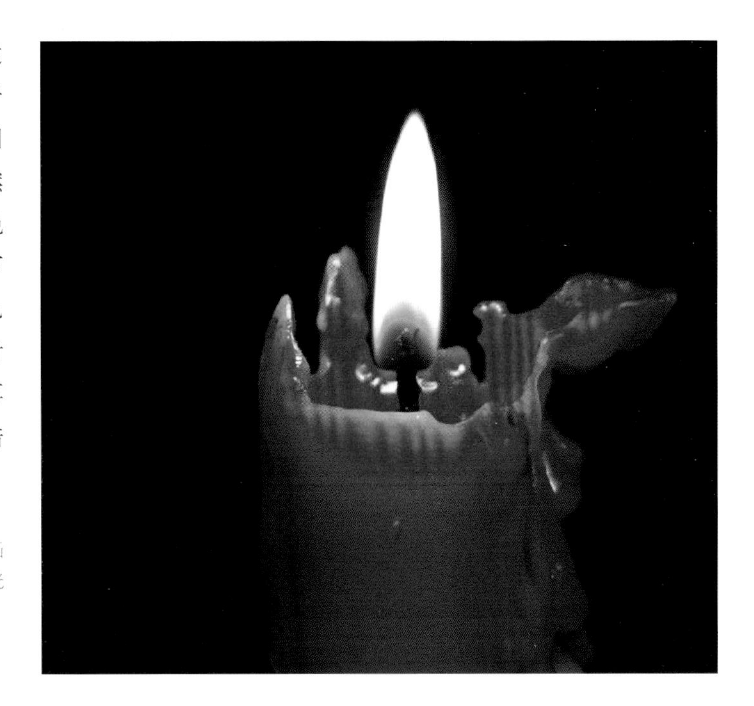

减少曝光补偿可使背景不会发灰，画面的颜色真实呈现（焦距：38mm ┊ 光圈：F5 ┊ 快门速度：1/50s ┊ 感光度：ISO100）

技巧174 利用局部高光让背景富有变化

拍摄静物时，除了要考虑主体的布光之外，背景也要视情况打光。比如将背景局部打上高光，其余部分则会出现均匀的明暗变化，从而避免画面呆板。

如右图所示，在干净光亮的台子上清晰地呈现小汽车的倒影，后面打过来的光使背景变亮，与前面较深的颜色对比，加强了画面的横向空间感，而倒影的加入则增大了画面的纵向空间。

倒影的虚更衬托出了被摄体的实（焦距：55mm ┊ 光圈：F7.1 ┊ 快门速度：1/30s ┊ 感光度：ISO100）

技巧 175 逆光表现玻璃的透明感

逆光就是指被摄体置于相机和光线中间的一种拍摄方式，比较容易制造画面的空间感。利用逆光拍摄比较容易表现玻璃透明的质感特点。如右图所示，利用打亮的背景透过杯子的视觉效果，表现了杯子的透明质感。

➔ 运用了逆光的拍摄手法，很好的表现了玻璃制品的质感，有通透感（焦距：180mm ¦ 光圈：F4 ¦ 快门速度：1/8s ¦ 感光度：ISO100）

技巧 176 利用散射光表现物体颜色

散射光的画面比较柔和，没有明显的明暗对比，颜色表现比较真实，要真实还原静物摄影颜色，否则拍出的照片与实物有所区别，就算一张失败的图片，不论其造型构思多有新意、多有创意，物体不能真实还原也没有用。所以拍摄时，一定要注意色温的调整，利用散射光拍摄，画面阴影也会较少，画面中的明暗细节都可以有较好的表现。

↑ 利用广角镜头可以得到视觉较广的画面，使画面看起来很宽敞（距：43mm ¦ 光圈：F10 ¦ 快门速度：1/160s ¦ 感光度：ISO100）

技巧177 利用不同颜色的光线营造气氛

拍摄静物时光线颜色的选择也很重要，不同的光线颜色可以表现出不同的画面气氛，也可以更好地衬托出物体的个性。如右图所示，利用红色的灯光衬托着蜡烛的光，画面整体呈现红红的暖调，营造出一种烛光的温暖氛围。

利用广角镜头可以得到视觉较广的画面，使画面看起来很宽敞（焦距：mm ┆ 光圈：F10 ┆ 快门速度：1s ┆ 感光度：ISO100）

技巧178 利用强光表现金属质感

金属质感的静物适合使用较强的光线来表现，因为金属都会产生强烈的高光，所以利用金属的这一特性来表现金属的质感。如右图所示，在简单背景的衬托下，强光打在金属的物体上，形成明显的高光，金属的质感表现得很明显。

利用强光表现金属质感 图注：为了避免金属制品局部出现毫无细节的纯白区域，最好利用柔光进行拍摄，可以在保持具有金属光泽的同时，还可表现出其表面细节（焦距：70mm 光圈：F9 快门速度：1/125s 感光度：ISO100）

技巧 179 利用高光表现物体的立体感

拍摄静物时还要注意表现出其立体感，也使其看起来比较有真实感。如右图所示，利用高光的照射，在瓶子的下方形成了阴影效果，增强了瓶子的立体感，正确的白平衡设置也使瓶子颜色真实还原。注意，为了不使阴影太重，可以利用补光缩小明暗差距。

拍摄静物白平衡的设置很重要，并借助光影效果表现物体的立体感（焦距：50mm ┆ 光圈：F10 ┆ 快门速度：1/160s ┆ 感光度：ISO100）

技巧 180 利用背景光营造画面氛围

表现被摄物时，可以借助合适的布光表现出静物独特的一面来。如右图所示，打亮的橘红色背景，使画面看起来充满温暖的感觉，而浅色的背景也与深色的被摄物分离开，浅橘色衬托着大红色，带给人热情、奔放的感受。

利用背景光的布局，将普通的物体衬托出不一样的视觉效果（焦距：38mm ┆ 光圈：F11 ┆ 快门速度：1/15s ┆ 感光度：ISO100）

光线摄影